NEANDERTAL

DANS LA MÊME COLLECTION

Homo sapiens : l'odyssée de l'espèce, présenté par Boris Cyrulnik, 2005.

La Naissance de l'art, précédé d'un entretien avec Pierre Soulages, 2006.

LA RECHERCHE

présente

NEANDERTAL

TALLANDIER

Tous les textes figurant dans cet ouvrage ont fait l'objet d'une première publication en juillet 2006 dans le n° 24 des *Dossiers de La Recherche*. Ils ont été remis à jour par leurs auteurs.

Éditions Tallandier – 4, rue du Texel 75014 Paris

SOMMAIRE

PRÉFACE

UN VIEIL HOMME NOUVEAU

Par un étrange caprice de l'histoire et du hasard, les fossiles qui ont donné leur nom à l'homme de Neandertal ont été trouvés dans un vallon allemand (« *Tal* ») baptisé en l'honneur d'un compositeur de cantiques du XVIIe siècle, Neumann, qui signifie, de façon fort appropriée, « homme nouveau » en allemand. Celui-ci utilisait, de façon pédante, la version grecque de son nom, « *Ne-ander* ».

Un spécimen de la même espèce avait été trouvé plus tôt, en 1848, à Gibraltar : notre cousin aurait pu être appelé plutôt « le Gibraltar ». En fait, d'autres fossiles avaient même été trouvés dans les années 1830 à Engis, en Belgique : pourquoi pas « l'Engis » ? Et la première description systématique de l'anatomie d'un Neandertal a été faite en 1886, sur un spécimen découvert dans la grotte de Spy en Belgique : on pourrait tout aussi bien parler du « Spy » (« espion » en anglais).

Quoi qu'il en soit, le nom de Neandertal a été progressivement assimilé à tout ce qu'il y avait de bestial et d'inculte chez les hommes anciens. Le responsable en est en grande partie l'antipathique préhistorien Gabriel de Mortillet, déjà à l'origine de la polémique autour de l'authenticité des peintures rupestres d'Altamira, découvertes en 1879. Les prêtres qui découvrirent le squelette de La Chapelle-aux-Saints en 1908 ne voulurent pas envoyer les restes à étudier à l'École d'anthropologie fondée par de Mortillet, anticlérical notoire. C'est pourquoi ils confièrent les os à Marcellin Boule, au Muséum national d'histoire naturelle à Paris. Et Boule, bien qu'il ait reconnu qu'il s'agissait d'un vieil homme perclus d'ostéoarthrite dans la colonne vertébrale, dépeignit Neandertal comme une brute qui marchait voûtée et en traînant les pieds.

Toutefois, au milieu du XXe siècle, on dut admettre que ces « brutes » avaient l'habitude d'enterrer soigneusement leurs morts, parfois en association avec des expressions artistiques. Leur utilisation de la « technique Levallois » pour la fabrication d'outils révéla leurs capacités à anticiper et à planifier la forme des éclats. À Shanidar, en Irak, on découvrit qu'ils avaient pris soin d'un vieil homme qui avait des handicaps physiques importants, et que des fleurs avaient été placées intentionnellement dans une sépulture. Plus récemment, il a été prouvé que Neandertal utilisait des cure-dents, fabriquait de la colle pour emmancher des outils, et produisait une large variété d'« objets d'art », tels que des arcs gravés entremêlés, à Quneitra en Israël, et des masques en os et en pierre (comme celui de La Roche-Cotard, en France).

Des analyses plus objectives que celles de Boule établirent que Neandertal avait une apparence bien plus humaine que ce que les premières reconstructions avaient fait penser. Et que les preuves supposées de son cannibalisme, popularisé avec tant d'enthousiasme par les préhistoriens, étaient souvent erronées ou distordues, à cause de préjugés, ou de l'ignorance des processus de fossilisation ou des pratiques funéraires.

Ces derniers mois, toute une série de résultats ont été publiés, éclairant différents aspects de Neandertal. Par exemple, de l'ADN mitochondrial d'un enfant daté d'environ 100 000 ans a été retrouvé : le plus vieil ADN humain jamais analysé. L'étude révèle que la diversité génétique parmi les Neandertal était plus élevée que ce que l'on pensait, et qu'elle serait en fait bien plus grande dans ces périodes anciennes[1]. Il semble que les Neandertal et les hommes modernes n'étaient que de lointains parents, et une analyse préliminaire de l'ADN néandertalien a suggéré que les deux lignées auraient divergé il y a environ 315 000 ans[2].

Par ailleurs, les fouilles de l'abri sous roche d'Ortvale Klde, en Géorgie, démontrent que Neandertal et les hommes modernes ont recouru à des tactiques de chasse largement identiques[3]. Une étude menée en Épire, au nord-ouest de la Grèce, a aussi détecté un schéma d'utilisation du territoire par les Neandertal qui suggère des types de comportement distinctement humains, avec des visites régulières et planifiées aux mêmes endroits pendant des milliers d'années[4].

Peu de scientifiques acceptent donc aujourd'hui l'idée que Neandertal était un animal sous-humain et sans culture. Toutefois, plusieurs controverses divisent les spécialistes : ceux qui insistent sur les capacités de Neandertal et sur ses réalisations, et ceux qui les minimisent ; ceux qui voient, dans les vestiges archéologiques, un remplacement progressif de Neandertal par les hommes anatomiquement modernes, et ceux qui voient une rupture nette ; ceux qui croient que Neandertal se serait métissé avec l'homme moderne, et ceux qui considèrent qu'ils sont totalement éteints. Les différents chapitres de cet ouvrage donneront à réfléchir aux tenants de ces différentes hypothèses.

Indifféremment de l'issue des débats évoqués ci-dessus, il devient de plus en plus clair que les Neandertal, quelle que soit leur relation précise avec nous, étaient hautement sophistiqués sous de nombreux aspects, et parfaitement capables de prendre soin d'eux-mêmes. Le seul fait qu'ils aient fréquenté notre continent pendant des dizaines de milliers d'années souligne le niveau de leurs capacités. Il reste à démontrer que notre longévité égale, ou surpasse, la leur.

Paul Bahn

Chapitre premier

« COMMENT NOUS L'AVONS REDÉCOUVERT »

Entretien avec Ralf SCHMITZ

Comment l'homme de Neandertal a-t-il été découvert ?

Ralf Schmitz : Une entreprise de carrière exploitait les falaises calcaires des rives de la Düssel, dans le vallon de Neander, Neandertal en Allemand, à treize kilomètres de Düsseldorf. Dans ces falaises, il y avait des grottes qui contenaient des sédiments. Il fallait les vider avant d'extraire les pierres, pour éviter de salir celles-ci. Un jour d'août 1856, deux ouvriers ont donc jeté au bas de la falaise, vingt mètres plus bas, le contenu de la « Petite Grotte de Feldhofer », située dans la falaise sud. Ce faisant, ils ont trouvé quelques os longs de ce qu'ils ont pensé être un ours des cavernes. L'un des propriétaires de la carrière était présent, il leur demanda de les conserver. Il souhaitait les donner à un érudit local, Johann Carl Fuhlrott, connu pour s'intéresser à ce type de vestiges. Il demanda aussi à ses ouvriers d'aller fouiller les débris qu'ils avaient déjà jetés. Ils ont ramassé d'autres fragments, dont la calotte crânienne, au pied de la falaise.

Fuhlrott a-t-il été intéressé ?

Il a tout de suite compris qu'il ne s'agissait pas d'un ours, mais d'un homme assez étrange, avec en particulier une arcade sourcilière très marquée et un front bas.

Rapidement, Fulhrott a émis l'idée que cet « homme de Neandertal » était un homme fossile très ancien. Il est allé voir Hermann Schaaffhausen, professeur d'anthropologie à l'université de Bonn, qui lui a fait un très bon accueil et a relayé cette idée dans les milieux universitaires.

Ont-ils mené d'autres fouilles ?

Fuhlrott est allé plusieurs fois dans le vallon de Neander, mais la grotte avait déjà été complètement vidée. Il n'a retrouvé aucun autre reste osseux, ni humain ni animal, pas plus que d'outils en pierre. Il n'a pas non plus réalisé de relevé topographique, ni d'analyse des sédiments. C'est l'une des raisons pour lesquelles d'autres scientifiques ont contesté qu'il s'agisse d'un homme fossile (lire le chapitre II, p. 19). Il y avait neuf grottes dans les falaises du vallon de Neander. Mais aucune n'a jamais été fouillée, et elles ont toutes été détruites par l'exploitation des carrières. La dernière n'a pourtant disparu qu'en 1895.

La découverte n'a donc pas eu de répercussions immédiates ?

À l'époque, en Allemagne, la science préhistorique n'était pas aussi développée qu'en France ou en Angleterre. Les premiers outils préhistoriques en pierre n'ont été répertoriés que dans les années 1880. Avant cela, la plupart des chercheurs allemands ne s'intéressaient qu'aux ours des cavernes, ou à d'autres grands mammifères disparus.

Dans quel état étaient les os de Neandertal ?

Fuhlrott avait récupéré seize os et fragments d'os : une calotte crânienne, une clavicule, une omoplate, deux humérus, deux radius, un cubitus, un fragment de bassin, cinq fragments de côtes et les deux fémurs. Tous en excellente condition de conservation. Juste après la découverte, il a affirmé sa conviction qu'il y avait un squelette complet, et qu'il avait été abîmé par les ouvriers. Et dès la fin du XIXe siècle, l'idée a germé de tenter de retrouver le reste du squelette. Mais le paysage avait été totalement transformé : les carriers avaient fait reculer les falaises de plusieurs centaines de mètres. Et le fond du vallon était recouvert de plusieurs mètres de débris rocheux.

Donc, personne n'a tenté de mettre en œuvre cette idée ?

Entre 1983 et 1985, Gerhard Bosinski, de l'université de Cologne, a entrepris des fouilles. Mais il n'a rien trouvé. Avec Jürgen Thissen, nous étions étudiants à l'époque, et nous assistions à ses cours. Nous nous sommes dit qu'il avait dû chercher du mauvais côté. En fait, Bosinski n'avait pas pris en compte la totalité de la description donnée par Fuhlrott. En particulier, celui-ci avait indiqué que la découverte avait été faite juste en face de la grande grotte de Neander, qui était sur l'autre rive. Nous avons rassemblé de vieux dessins du vallon, qui avaient été faits par des amateurs locaux, et deux ou trois photographies prises au XIXe siècle, les vieilles cartes que nous avons pu trouver et, après plusieurs années passées à les étudier, nous avons décidé de tenter notre chance. Mais il fallait obtenir la permission de fouiller dans le vallon. Cela n'a pas été facile car il est classé monument archéologique.

Quand avez-vous entrepris les fouilles ?

En 1997, nous avons enfin eu une autorisation, pour deux semaines. Nous sommes donc allés dans le vallon de Neander avec une pelle mécanique pour creuser des tranchées dans les débris de calcaire qui couvrent le sol. Le dernier jour, nous avons découvert des restes du pied de la falaise. Les carriers avaient laissé le calcaire sur deux ou trois mètres de haut, afin de se protéger des eaux de la rivière. Et, juste devant, nous avons trouvé un sédiment brun, avec des restes d'os d'animaux et de poteries récentes. Or, nous savions que des fêtes avaient été organisées dans certaines grottes du vallon au début du XIXe siècle : les poteries indiquaient que nous avions trouvé le contenu de l'une d'elles, jeté de la falaise par les carriers. Au XIXe siècle, la seule grotte facilement accessible de ce côté de la rivière était « l'Église de Feldhoffer », dont Fuhlrott avait justement écrit qu'elle était voisine de la Petite Grotte. Nous étions donc convaincus d'être très proches de l'endroit où avait été jeté le contenu de cette dernière.

Mais vous ne pouviez pas continuer ?

Non, en principe. Toutefois, nous avons réussi à convaincre les responsables de nous accorder trois semaines supplémentaires. C'est durant ces trois semaines que nous avons découvert les sédiments provenant de la Petite Grotte. Ils étaient à seulement dix mètres à l'ouest. Ils contenaient des restes animaux, des outils en pierre du Paléolithique moyen*, et des ossements humains. Quelque temps plus tard, quand nous avons eu les résultats des datations au carbone 14 réalisées sur ces os par George Bonani, de l'université de Zurich, nous étions fous de joie : ils avaient 40 000 ans !

Vous étiez donc certains d'avoir retrouvé le bon site ?

Pas encore tout à fait. Tout concordait : nous avions vingt-trois fragments d'os humains de 40 000 ans qui présentaient des caractéristiques néandertaliennes, et des outils de la même période. Mais nous n'avons obtenu la preuve définitive qu'en 1999. Nous sommes venus au Rheinisches Landesmuseum de Bonn, où sont conservés les restes découverts en 1856, pour vérifier si certains fragments que nous avions trouvés se raccordaient avec ceux-ci. Nos chances étaient minces. Mais, à un moment, Jürgen a pris le fémur gauche et nous avons vu qu'une

* Cf. lexique p. 153

esquille manquait sur l'extrémité correspondant au genou : l'os avait été abîmé par les pics et les pioches des carriers. J'ai essayé d'ajuster un fragment de deux centimètres de long : c'était la pièce manquante ! Ç'a été un grand moment. Nous étions très excités.

Avez-vous poursuivi les fouilles dans le vallon de Neander ?

Grâce à ce petit morceau d'os de deux centimètres, nous avons eu l'autorisation de fouiller pendant six mois, ce que nous avons fait en 2000. Nous étions bien mieux organisés que la première fois. Nous avons mené la fouille comme s'il s'agissait d'un site totalement nouveau, en repérant toutes nos trouvailles sur un quadrillage de la surface, et en enlevant des couches successives de cinq centimètres d'épaisseur. Certains se demandaient si cela valait la peine d'être aussi méticuleux pour fouiller des tas de gravats jetés de vingt mètres de haut. Mais *a posteriori*, nous avons eu raison : cela nous a permis de bien distinguer les sédiments provenant de l'Église de ceux provenant de la Petite Grotte. La première ne contenait que des outils et des restes animaux datés du Gravettien, il y a 25 000 ans. La seconde contenait uniquement des restes d'il y a 40 000 ans.

Au total, de combien de restes humains disposez-vous aujourd'hui ?

Nous avons maintenant soixante-treize fragments d'os, en plus des seize découverts en 1856. Trois s'ajustent directement sur ces derniers. Et une quarantaine appartiennent probablement au même individu : un mâle très robuste. Dès 1997, nous avons découvert un deuxième Neandertal, plus petit et plus gracile, auquel nous pouvons attribuer une dizaine de fragments osseux des bras. Nous avons aussi une molaire de lait, et deux autres os qui viennent d'un préadulte. Nous avons donc au total au moins trois individus. Mais nous ne sommes pas à l'abri de surprises : l'identification de tous petits fragments osseux est difficile, et nous en trouverons peut-être d'autres. Il y a quelques mois, Daniela Kalthoff, de l'université de Bonn, a trouvé deux fragments du coude du deuxième individu en étudiant la faune. Lorsque nous les aurons étudiés en détail, nous saurons s'il s'agissait d'un adulte ou d'un individu plus jeune.

Comment étudiez-vous ces restes ?

Nous avons formé une équipe de vingt-six chercheurs, appartenant à dix-neuf institutions, pour analyser les vestiges issus de la fouille des deux grottes. L'analyse anthropologique des restes humains est presque terminée. Avec les fragments supplémentaires que nous avons trouvés, le spécimen type est l'un des néandertaliens les plus complets. Par exemple, nous avons des os des doigts dont il n'existe que quelques exemplaires dans toute l'Europe. Ces ossements sont aussi analysés, en même temps que les os d'animaux, pour déterminer le régime alimentaire des Neandertal. Et ils ont aussi servi à l'extraction de séquences d'ADN mitochondrial (lire le chapitre V, p. 43). Nous espérons obtenir bientôt de l'ADN nucléaire du fossile type, comme cela vient d'être fait pour un Neandertal retrouvé en Croatie. Les ossements découverts à Neandertal ne sont pas importants juste pour l'histoire des sciences : ils permettent encore aujourd'hui d'acquérir de nouvelles connaissances.

Propos recueillis par Luc Allemand

Chapitre II

UN ANCÊTRE À GÉOMÉTRIE VARIABLE

Richard DELISLE

En paléoanthropologie, la fortune de Neandertal est changeante. Plus clairement qu'aucun autre groupe fossile, il est marqué par les trois grandes périodes historiques qu'ont connues les débats en phylogénie humaine.

Dans un premier temps, durant la seconde moitié du XIXe siècle, la création d'un groupe fossile morphologiquement distinct nommé « Neandertal » n'est pas d'actualité. Les découvertes fossiles susceptibles de composer ce groupe sont alors diluées dans une masse d'autres. À cause de leur conformation moderne et de leur répartition exclusivement européenne, elles ne sont invoquées que dans un débat sur les rapports généalogiques entre les populations actuelles d'Europe.

Il faut attendre une seconde période, au tournant du XXe siècle, pour voir de plus en plus de chercheurs reconnaître l'existence d'une entité néandertalienne, caractérisée par une morphologie particulière. C'est dans ce contexte que plusieurs d'entre eux voient en l'homme de Neandertal une forme véritablement primitive et simiesque pouvant servir de chaînon manquant, ou tout au moins de lien morphologique entre tous les hommes et les autres primates.

Après 1930, en revanche, dans une troisième période, cette conception de l'homme de Neandertal est de plus en plus délaissée, laissant la place à une nouvelle image de ce groupe fossile, image qui persiste en grande partie aujourd'hui.

La signification de la découverte de l'homme de Neandertal au XIXe siècle a souvent été mal comprise par les historiens. Trop souvent ceux-ci ont voulu décrire les découvertes fossiles en postulant que les chercheurs de l'époque se posaient les mêmes questions que ceux d'aujourd'hui. Puisque Neandertal constitue peut-être un chaînon généalogique entre les hommes actuels et des ancêtres plus primitifs, il semblait justifié de croire que les chercheurs du XIXe siècle étaient également engagés dans une quête similaire.

Pourtant, une analyse historique plus rigoureuse démontre que ces derniers faisaient face à un contexte d'interprétation significativement différent du nôtre. Cette anticipation d'une quête aux « chaînons manquants » qui aurait marqué la fin du XIXe siècle a donné lieu à une mauvaise lecture du développement de la paléoanthropologie.

Le meilleur exemple est sûrement la place qu'occupe l'infortuné professeur d'anatomie de l'université de Bonn, August Franz Mayer, dans l'histoire de la discipline. Suite à la découverte de Neandertal en Allemagne, en 1856 (lire le chapitre I, p. 13), Mayer avance l'idée qu'il s'agit là de restes d'un cosaque déserteur qui, dans le cadre des guerres napoléoniennes de 1814, se serait réfugié dans une grotte pour mourir. Mayer explique les particularités de l'homme de Neandertal par une maladie de la croissance se manifestant par diverses déformations du squelette : le rachitisme[1].

Cet exemple, abondamment répercuté aujourd'hui dans les livres et les manuels scolaires, et repris par les professeurs afin de divertir les étudiants, a parfois pour but de tourner en ridicule ce genre d'interprétation[2]. Toutefois, l'interprétation que donne Mayer de l'homme de Neandertal est parfaitement conforme à la réalité communément admise à l'époque : en attribuant à ce spécimen le statut de cavalier de l'armée russe, Mayer montre qu'il y voit un homme morphologiquement moderne. La majorité de ses contemporains partagent ce point de vue, même s'ils croient généralement faire face à des restes humains plus anciens quoique d'apparence relativement moderne.

De façon générale, une idée persistante nuit aujourd'hui encore à une bonne compréhension de l'accueil fait à l'homme de Neandertal au XIXe siècle : l'opposition présumée entre évolutionnistes et antiévolutionnistes. D'une part les chercheurs ayant recours à l'explication d'une conformation pathologique de l'homme de Neandertal l'auraient fait afin de contenir la montée d'une lecture évolutionniste de l'histoire naturelle de l'homme. L'histologiste allemand Rudolf Virchow est souvent perçu comme le chef de file de cette école.

Le problème majeur de cette interprétation réside dans le fait que la conformation pathologique de Neandertal a été promue par des évolutionnistes comme les anatomistes anglais James Hunt et Carter Blake. Virchow lui-même, fait largement méconnu, est l'un de ces évolutionnistes[3]. En réalité, loin d'être obligatoirement en opposition avec l'idée d'évolution biologique, la notion de pathologie a servi, chez certains théoriciens de la biologie au XIXe siècle, de source d'inspiration afin de parvenir à découvrir les mécanismes de l'évolution. Par exemple, dans la première moitié du siècle, le Français Étienne Geoffroy Saint-Hilaire et le Britannique Richard Owen s'inspirèrent de la tératologie, c'est-à-dire le développement ontogénétique anormal, comme moyen d'induction du changement morphologique[4].

D'autre part, les évolutionnistes se seraient saisis de la découverte de Neandertal afin de démontrer l'application de la théorie de l'évolution à l'homme et l'ascension de ce dernier à partir d'une forme de primate simiesque. Cette idée aussi rencontre des difficultés sérieuses. D'abord, s'il est vrai que des évolutionnistes notoires, comme l'Allemand Hermann Schaaffhausen, le Suisse Carl Vogt, le Français Paul Topinard et le Britannique Thomas Henry Huxley ont reconnu des caractères dits « simiens » chez certains fossiles, tous insistèrent pour préciser qu'aucune forme n'avait encore été découverte permettant d'établir un lien phylogénétique entre l'homme moderne et les autres primates. Tout au plus trouvèrent-ils dans ces restes humains plus ou moins anciens des éléments de preuves du bien-fondé de l'hypothèse de la naissance de la lignée humaine à partir d'un primate d'apparence simiesque.

Il y a là une nuance qui prend toute son importance à la lumière de la terminologie utilisée à l'époque. L'historien de la paléoanthropologie Frank Spencer, de la City University de New York, a eu tout à fait raison de faire remarquer que les termes « pithécoïde » et « simiesque » étaient alors souvent appliqués de façon uniquement descriptive, en l'absence de toute implication évolutive[5]. On comprend mieux cet état de fait en songeant qu'il n'était pas rare à l'époque de rencontrer des descriptions des diverses populations humaines vivantes fondées sur l'usage de tels qualificatifs.

De plus, l'utilisation d'un nom faisant référence à une nouvelle espèce afin de décrire l'homme de Neandertal, *Homo neanderthalensis*, par l'Anglais William King en 1864 puis par Gabriel de Mortillet en 1883, ne constitue aucunement une preuve qu'ils le concevaient comme un véritable chaînon manquant entre l'homme moderne et les autres primates. En effet, il était commun à l'époque de diviser les variétés actuelles de l'humanité en plusieurs espèces. Par exemple, d'illustres évolutionnistes comme les Britanniques Charles Darwin et Thomas Henry Huxley restèrent indifférents au débat portant sur la division de l'humanité en « races » ou en « espèces » distinctes. À leurs yeux, cette question purement terminologique était sans conséquence pour le débat sur l'évolution humaine.

La dichotomie entre évolutionnistes et antiévolutionnistes constitue une mauvaise grille d'analyse de l'accueil fait à la découverte de l'homme de Neandertal au XIXe siècle. L'antiévolutionnisme est en effet un enjeu mineur de l'époque.

D'abord, la montée en force de la conception évolutionniste de la vie, surtout à partir de 1860, laisse de moins en moins de place pour une alternative antiévolutionniste scientifiquement crédible. C'est ainsi que l'on a souvent confondu les véritables antiévolutionnistes et les évolutionnistes faisant la promotion d'une ascendance non simienne de l'homme. Pour les Britanniques Richard Owen et St. George Mivart par exemple, l'idée d'évolution biologique et celle d'une origine de l'homme à partir d'une forme autre que simiesque ne sont aucunement contradictoires. D'ailleurs, cette association d'idées est maintenue également lors des premières décennies du XXe siècle. L'hypothèse de l'émergence de l'homme à partir d'une forme simiesque n'a aucunement le monopole des hypothèses évolutionnistes à l'époque, contrairement à ce qui se passe aujourd'hui.

Ensuite, et surtout, les chercheurs de l'époque ne voient pas en l'homme de Neandertal une source d'information significative pour la réflexion autour des rapports phylogénétiques entre l'homme et les autres primates. En cela, ils se rapprochent beaucoup de la position des paléoanthropologues d'aujourd'hui. Cette situation s'explique de la manière suivante : les hommes fossiles découverts à l'époque sont jugés trop modernes par leur conformation. Les positions sont finalement très voisines entre ceux qui, d'une part, perçoivent l'homme de Neandertal comme une forme moderne mais pathologique et ceux qui, d'autre part, le voient comme une forme saine, plus ou moins ancienne, d'apparence relativement moderne offrant des éléments de preuves en faveur d'une ascendance simiesque.

Du fait de la faible utilité des restes d'hommes fossiles pour l'étude des rapports phylogénétiques entre l'homme et les autres primates, les chercheurs devaient obligatoirement se tourner vers la comparaison anatomique des primates vivants afin de tenter d'établir la nature de ces rapports. Toutefois, cela ne signifiait aucunement que les découvertes d'hommes fossiles étaient dénuées d'intérêt pour la quête de la place de l'homme dans la nature. Au contraire puisque ceux-ci furent déterminants afin de mener de front un autre débat phylogénétique important, mais dont la contribution se situe à un autre niveau d'analyse scientifique : le peuplement de l'Europe. Parce que les nombreux restes d'hommes fossiles de l'époque étaient d'apparence essentiellement moderne et localisés surtout sur le territoire de l'Europe, leur utilité foncière résida dans la production d'hypothèses phylogénétiques limitées à la généalogie récente des peuples européens.

C'est dans ce contexte que des évolutionnistes comme Hermann Schaaffhausen, Carl Vogt, Paul Broca, Jean-Joseph Fraipont et Thomas Henry Huxley participèrent à un débat sur la phylogénie des peuples récents d'Europe mettant à contribution les découvertes d'hommes fossiles. Ce faisant, ils joignaient leurs voix à ce qui fut incontestablement la synthèse la plus remarquable en ce sens, proposée par les Français Armand de Quatrefages et Jules Hamy, en 1882, dans leur *Crania Ethnica*. Non seulement cette synthèse est caractéristique des débats de ce genre à l'époque, mais elle permet également de comprendre comment la découverte de l'homme de Neandertal a été diluée parmi une foule d'autres découvertes d'une ancienneté incertaine et d'une conformation variable.

De Quatrefages et Hamy reconnaissent trois races ou types préhistoriques principaux. La race la plus ancienne, nommée « Canstadt », est décrite comme étant largement distribuée en Europe, avec un crâne dolichocéphale* et prognathe, un front fuyant et un torus supraorbital variablement développé. Les restes crâniens et les mâchoires suivants la composeraient : Neandertal et Canstadt en

* Cf. lexique p. 153

Allemagne, Eguisheim, en Alsace, Brux, en Bohême, Gibraltar, Staengenaes, en Suède, Olmo, en Italie, La Naulette et Goyet en Belgique, Arcy, Denise et Clichy en France. La race relativement ancienne de « Cro-Magnon » est également décrite comme étant dolichocéphale, mais avec une morphologie faciale différente de celle de la race de Canstadt. Les restes de Laugerie-Basse, Cro-Magnon, Bruniquel, Menton, Grenelle, Solutré et La Madeleine en France, Engis et Engihoul en Belgique, Isola del Liri, en Italie, et Smeermaas, aux Pays-Bas, en feraient partie. Enfin, le troisième type moins ancien, « Furfooz », que reconnaissent de Quatrefages et Hamy serait composé en réalité de plusieurs races aux crânes brachycéphales*. En relèveraient les spécimens de Furfooz, en Belgique, La Truchère et Moulin-Quignon en France, et Nagysáp en Hongrie.

De Quatrefages précisa plus tard que tous ces types morphologiques avaient persisté de façon distincte tout au long du Quaternaire malgré les croisements. Ils furent génétiquement absorbés par les migrations successives ultérieures de races brachycéphales et dolichocéphales, au Néolithique et après. C'est ainsi que toutes ces races anciennes d'hommes fossiles auraient contribué variablement à la constitution des peuples européens d'aujourd'hui.

Le regard porté par plusieurs paléoanthropologues (mais pas par tous) sur les découvertes d'hommes fossiles en général, et sur l'homme de Neandertal en particulier, changea significativement avec l'arrivée du nouveau siècle. Dès lors, ces fossiles furent jugés aptes à éclairer la question des rapports phylogénétiques entre l'homme moderne et les autres primates. La quête aux chaînons manquants était ouverte. La rencontre de deux facteurs indépendants contribua à la naissance de ce nouveau cadre d'interprétation.

* Cf. lexique p. 153

D'abord, des découvertes fossiles à Spy, en Belgique, en 1886, à Krapina, en Croatie, de 1899 à 1905, et sur plusieurs sites français dont La Chapelle-aux-Saints, Le Moustier, La Quina et La Ferrassie durant les années 1908 et 1909 invitèrent à la reconnaissance d'un type morphologique propre associé aux néandertaliens : front fuyant, arcades orbitaires saillantes, fémurs courbés... Ce type morphologique était désormais clairement opposé aux hommes fossiles de conformation plus moderne, et parfois reconnu sous l'appellation générique d'homme de « Cro-Magnon ». La véritable opposition entre Neandertal et Cro-Magnon était née.

Ensuite, la découverte en 1891 et 1892 à Java, en Indonésie, d'une calotte crânienne accompagnée de restes corporels par le Hollandais Eugène Dubois l'incita à créer un nouveau type fossile, *Pithecanthropus erectus*, véritable forme primitive et intermédiaire sur la voie menant des primates hominoïdes anciens à l'homme moderne. La morphologie primitive de ce pithécanthrope offrit la possibilité de regarder l'homme de Neandertal sous le jour nouveau d'une forme moins primitive que la première, mais présentant néanmoins certains caractères simiesques.

C'est dans ce contexte que prit naissance un débat opposant deux conceptions sur le rôle de l'homme de Neandertal en phylogénie humaine. D'une part, des chercheurs virent en lui une forme indiquant clairement que l'ascendance de l'homme moderne s'était faite par la perte graduelle de caractères simiens au cours des temps géologiques. Deux propositions furent avancées dans ce cadre. Certains placèrent le pithécanthrope et l'homme de Neandertal en tant qu'ancêtres directs de l'homme moderne, le premier étant une forme plus primitive et simiesque que la seconde. D'autres préférèrent situer le pithécanthrope et l'homme de Neandertal sur des branches évolutives collatérales éteintes ne contribuant pas directement à la naissance de l'homme moderne, mais servant néanmoins d'indicateurs puissants aux étapes évolutives franchies au cours de l'évolution humaine. L'Allemand Gustav Schwalbe, le Français Pierre-G. Mahoudeau et l'Américain Aleš Hrdlicka contribuèrent à ce débat.

Par ailleurs, des chercheurs tels que Marcellin Boule en France, Arthur Keith en Angleterre et Louis Leakey au Kenya reconnurent en l'homme de Neandertal une forme trop simiesque et trop spécialisée pour servir d'indicateur aux principales étapes évolutives parcourues, et encore moins de véritable ancêtre à l'homme moderne. Ils préférèrent puiser directement la source de la branche humaine à même une multitude de formes de conformation plus ou moins moderne qu'ils croyaient à l'époque relativement anciennes : Cro-Magnon et Combe Capelle en France, Grimaldi en Italie, Kanam au Kenya, Galley Hill et Piltdown* en Angleterre, etc. Pour les tenants de cette conception, les types d'hommes fossiles dits simiens, primitifs ou « spécialisés » dont l'homme de Neandertal, l'homme de Heidelberg, l'homme de Rhodésie, l'homme de Pékin (le sinanthrope) et le pithécanthrope étaient tous à mettre au compte de branches évolutives ayant connu l'extinction. L'origine de l'homme moderne prenait naissance dans une source de conformation primitive, certes, mais néanmoins plus moderne que toutes ces autres formes fossiles.

À partir des années 1930, l'image de l'homme de Neandertal se modifia à nouveau. Son importance pour la résolution des débats en phylogénie humaine déclina graduellement. Pour l'essentiel, la question néandertalienne se trouva diluée au sein d'un cadre d'interprétation en pleine expansion, tant par sa dimension morphologique, son horizon temporel, que par sa distribution géographique.

D'abord, une meilleure connaissance des hominidés appartenant au type commun du pithécanthrope et du sinanthrope, parfois nommé aujourd'hui *Homo erectus*,

* Cf. lexique p. 153

démontre que ceux-ci sont moins spécialisés et simiesques que certains ont bien voulu le croire, surtout à la lumière d'hominidés véritablement primitifs comme les australopithèques, découverts et étudiés à partir de 1925. Par un simple effet de domino, l'image de l'homme de Neandertal s'en trouve modernisée.

Ensuite, la découverte d'hommes fossiles véritablement primitifs est devenue possible par le simple fait que les travaux scientifiques s'enfoncent désormais dans des strates géologiques de plus en plus anciennes, particulièrement en Afrique. À l'échelle de ce nouveau cadre temporel, l'avènement de l'homme de Neandertal ne représente que la toute dernière portion de l'histoire évolutive humaine.

Enfin, la distribution géographique des découvertes d'hommes fossiles ne cesse de s'appliquer à une superficie toujours plus grande de l'Ancien Monde. C'est ainsi qu'il devient de plus en plus évident que l'aire d'habitation de l'homme de Neandertal, réduite à l'Europe et au Proche-Orient, ne constitue en réalité qu'une portion relativement limitée de l'ensemble du théâtre sur lequel s'est jouée l'évolution humaine.

Au sein de ce nouveau cadre général d'interprétation, tout au plus est-il possible de voir en l'homme de Neandertal une forme relativement récente qui, certes, possède une morphologie particulière, mais dont la distribution géographique limitée confine, dans le meilleur des cas, au simple rôle de géniteur partiel de l'humanité actuelle, et dans le pire des cas, à une extinction récente. Bien sûr, cela n'entame en rien l'intérêt pour ce groupe fossile : la richesse du matériel recueilli permet la meilleure reconstitution possible, à ce jour, de la morphologie et du mode de vie de l'un des membres de notre famille.

Chapitre III

« NEANDERTAL DEVIENT NUMÉRIQUE »

Entretien avec Patrick SEMAL

D'où vient l'idée de « numériser Neandertal » ?

Patrick Semal : Elle résulte de la recherche d'un compromis entre la préservation du patrimoine et son étude scientifique. Tout conservateur de collection est tiraillé entre deux impératifs : conserver au mieux les vestiges archéologiques et anthropologiques tout en les mettant à la disposition des scientifiques qui souhaitent les étudier. Cet équilibre est encore plus difficile à préserver dans le cas de restes humains néandertaliens : rares, souvent fragmentaires et fragiles, leur manipulation peut causer de graves dégâts. Toutefois, il est impensable d'interdire leur accès. Leur étude est essentielle pour connaître les différences entre les hommes anatomiquement modernes et Neandertal, et tenter d'élucider, par exemple, les causes de sa disparition. S'ajoute une autre difficulté à l'analyse de ces fossiles : leur dispersion, parfois au sein d'un même pays ! En Belgique par exemple, les vestiges archéologiques de la grotte de Spy, fouillée à plusieurs reprises depuis la fin du XIXe siècle, sont disséminés dans huit institutions et les restes néandertaliens, dans trois. Difficile dans ces conditions de réaliser des études complètes.

Concrètement, comment avez-vous procédé ?

Un projet européen nommé The Neanderthal Tools (TNT) a regroupé quatre partenaires scientifiques principaux : l'Institut royal des sciences naturelles de Belgique, le laboratoire de géobiologie, biochronologie et paléontologie humaine du CNRS, à Poitiers, le Neanderthal Museum à Mettmann, en Allemagne, et le musée d'Histoire naturelle de Croatie[1]. Grâce aux progrès de l'imagerie, ces instituts ont numérisé en haute résolution la quasi-totalité des collections auxquelles ils avaient accès. Ils ont utilisé des scanners médicaux de dernière génération et le synchrotron* de l'ESRF, à Grenoble. Pour les plus petits vestiges, comme les dents, des microscanners permettant d'obtenir une résolution allant jusqu'à 18 micromètres ont été utilisés. Résultat : fossiles humains et objets ont été modélisés, voire reconstitués virtuellement, et sauvegardés sous forme d'images 2D et 3D de grande qualité.

Cela permet-il une nouvelle approche scientifique ?

Absolument. D'abord, la numérisation des vestiges offre enfin un échantillon significatif pour l'étude de la population néandertalienne. Ensuite, il sera possible de visiter virtuellement des sites archéologiques. Des données de fouilles, anciennes ou récentes, pourront être numérisées : coupes stratigraphiques, photographies d'objets, plans, etc. Ainsi les scientifiques pourront explorer le contexte d'une découverte, et réinterpréter différemment les fossiles « en place ». Autre atout : toutes ces modélisations seront facilement réalisables par l'archéologue ou l'anthropologue lui-même. Pas besoin d'être spécialiste en imagerie médicale, les applications logicielles ainsi que des manuels d'utilisation sont mis à la disposition du chercheur. Enfin,

* Cf. lexique p. 153

toutes ces images sont stockées avec les informations de fouilles de terrain et sauvegardées sur une base de données accessible via Internet, nommée Nespos (Neanderthal Studies Professional Online Service). Ces informations peuvent demeurer à usage privé ou être partagées avec la communauté scientifique. Toutefois, pour la financer, l'accès à cette base de données sera payant et réservé aux adhérents. Tout chercheur, étudiant ou institut du monde entier peut s'inscrire.

À quoi servent ces modèles virtuels ?

La numérisation et la modélisation de ces vestiges constituent une nouvelle façon de préserver le patrimoine tout en favorisant son étude : ces modèles, comparables à d'excellents moulages des spécimens originaux, permettent aux scientifiques d'analyser sans se déplacer et limitent la manipulation des fossiles. Et ce n'est pas tout : la radiographie de ces restes humains, modélisés sous forme d'images tridimensionnelles, permet l'étude de l'intérieur même de la structure osseuse, sans détruire le spécimen ! Déjà 60 % des restes néandertaliens européens connus et environ neuf cents objets ont été ainsi numérisés.

Avez-vous déjà obtenu des résultats ?

C'est encore trop tôt. Mais cette nouvelle approche scientifique devrait permettre d'affiner nos connaissances sur les caractères anatomiques propres à la population néandertalienne. Grâce aux microscanners, il sera possible d'étudier un large échantillon de dents et de savoir par exemple si celles des néandertaliens présentaient un émail plus fin, comme le soutiennent certaines études pratiquées sur quelques dents. Puis, en numérisant les collections, nous avons redécouvert des fossiles inédits appartenant à des néandertaliens. Pour la grotte de Spy, par exemple, le réexamen des vestiges a permis de compléter les deux squelettes néandertaliens adultes et de trouver un troisième individu[2]. Puis, grâce aux images tridimensionnelles, une analyse des structures internes des crânes de la grotte de Spy est désormais possible. Elle pourrait permettre de comparer la variation de l'épaisseur des parois crâniennes des néandertaliens avec celle de l'homme moderne, et d'établir peut-être un nouveau critère de différenciation.

Propos recueillis par Anna Musso

Chapitre IV

LE RECONNAÎTRAIT-ON DANS LA RUE ?

Bruno MAUREILLE et Patrick SEMAL

En 1939, l'Américain Carleton Coon, souhaitant démontrer l'importance de l'habillement et de la propreté sur la façon dont nous apprécions les différences raciales, présenta dans un livre le dessin d'une tête de Neandertal, de profil, bien rasé, portant chapeau, cravate et costume[1]. Deux autres anthropologues, l'Américain William Straus et l'Anglais Alec Cave, reprirent cette idée dans les années 1950, écrivant : « Si [Neandertal] pouvait être ramené à la vie et placé dans un métro de New York, à condition qu'il ait été baigné, rasé et vêtu de façon moderne, il est peu probable qu'il attire plus l'attention que certains autres habitants de cette ville[2]. »

N'exagérons rien : nous nous retournerions sans doute si nous croisions un Neandertal dans une rue de Bordeaux, Bruxelles ou Paris, trois villes situées dans des régions qu'il fréquenta. Mais nous nous retournerions aussi si nous y croisions un aborigène d'Australie, un Bochiman d'Afrique du Sud ou un Lapon : ces populations ont, en moyenne, des caractéristiques physiques visibles qui diffèrent de celles de la population européenne occidentale.

Pour nous faire une idée de ce que nous remarquerions à la vue d'un Neandertal, observons l'une des reconstitutions réalistes mises au point ces dernières années, auxquelles on a donné le nom de dermoplasties*. Bien sûr, comme nous n'avons jamais retrouvé autre chose que les os de Neandertal, un grand nombre de traits physionomiques de ces dermoplasties sont des interprétations des artistes qui les ont réalisées : nous ignorons tout de sa pilosité, de la texture et de la couleur de ses cheveux, ou encore de la couleur de ses yeux. Toutefois l'aspect général est réalisé avec le maximum de rigueur scientifique. Ainsi, même si nous n'en avons pas la preuve directe, il est vraisemblable que Neandertal avait la peau claire, comme les populations actuelles vivant dans des zones tempérées ou froides, l'absorption de la lumière solaire favorisant la synthèse de la vitamine D*.

À une certaine distance de cette dermoplastie, l'allure générale de Neandertal n'est pas tellement surprenante. Il semble plutôt petit. Mais avec une taille moyenne de 1,62 mètre, il n'est pas très éloigné de beaucoup de nos contemporains : les Lapons, par exemple, ne mesurent que 1,52 mètre en moyenne. Et n'oublions pas que la taille moyenne des conscrits français de la fin du XIXe siècle n'était que de 1,65 mètre. De la même façon, on peut noter la forte masse corporelle et la musculature puissante (qui ont laissé des traces sur les os, aux points d'attache des muscles), mais on connaît aussi des néandertaliens graciles (que l'on suppose d'ailleurs féminins).

Il ne faudrait pas en conclure qu'il n'existe que des différences mineures entre le squelette de Neandertal et le nôtre. Mais ni la forme du tronc « en tonneau », due à une courbure différente des côtes, ni la morphologie particulière de son bassin (voir encadré p. 36) ne sont visibles au premier coup d'œil. On ne remarque pas non plus, sans les mesurer, que Neandertal a des avant-bras et des jambes courts relativement aux bras et aux cuisses. Ni que ses membres supérieurs sont un peu plus longs relativement à ses membres inférieurs ; ni encore que son tronc est large

* Cf. lexique p. 153

par rapport à ses membres supérieurs (voir le tableau ci-dessous).

Longueurs	radius/ humérus	Tibia/fémur	Hummérus+radius/ Fémur+tibia	clavicule/ humérus
Moyenne néandertalienne	74	79	70	49
Moyenne des hommes actuels	78	83	69	45

De façon générale, les os du squelette infra-crânien sont assez épais. Leurs épiphyses* sont volumineuses, et les têtes articulaires plus larges que les nôtres. On parle d'extrémités « en massue ». Cette apparente saillie des extrémités des os longs ne s'accompagne pas toujours de différences quant à la forme des surfaces articulaires et donc de leur façon de fonctionner. Mais cela peut être parfois le cas.

Ainsi, l'articulation du pouce avec l'os carpien est souvent convexe ou plane chez Neandertal, alors qu'elle possède une double courbure concave et convexe chez nous. La phalange de l'extrémité de ce doigt est longue par rapport à l'autre. Résultat : il pouvait probablement écarter ce doigt de la main plus que nous, ce qui l'avantageait pour saisir des objets volumineux. En contrepartie, cela l'exposait à des risques de luxation assez importants.

L'épaule a aussi une conformation particulière qui aurait, selon certains anthropologues, permis un meilleur contrôle dans le lancer. Cette conclusion s'appuie sur la morphologie du bord latéral de l'omoplate de Neandertal et la zone d'insertion dorsale du muscle petit rond (qui sert à élever le bras et à le porter vers l'extérieur), alors qu'elle est plutôt ventrale chez *Homo sapiens*. Les hypothèses biomécaniques de ce type sont toutefois sujettes à

* Cf. lexique p. 153

controverses, en particulier parce que nous n'avons pas les muscles.

Un bassin différent pour un Homme différent

Le bassin de Neandertal a longtemps intrigué les paléo-anthropologues. En particulier, le pubis est très allongé. Beaucoup pensent que, de ce fait, le bassin est très large, et l'on a vu fleurir les hypothèses quant à des particularités de la grossesse des néandertaliennes : durée de gestation plus longue, croissance fœtale plus rapide, etc. Ce pubis long est toutefois présent chez tous les néandertaliens, mâles compris. La situation semble donc différente de celle des humains actuels, chez qui les femmes possèdent un pubis plus allongé que celui des hommes, en réponse aux contraintes liées à l'accouchement. On ne peut donc pas appliquer à Neandertal les techniques de détermination du sexe établies sur les bassins humains actuels. De plus, cette caractéristique pelvienne est en fait présente sans doute dès les premiers représentants du genre *Homo*, comme bien d'autres traits du bassin de Neandertal. Il faut donc abandonner l'idée que ce dernier est particulier. Il est au contraire dans la continuité directe du genre *Homo* depuis son origine. Un bassin vraiment particulier est bien apparu il y a environ 200 000 ans, mais c'est le nôtre.

François Marchal

Approchons-nous maintenant de la dermoplastie et intéressons-nous à la tête. Les différences, quoique nombreuses, demandent, là encore, une certaine attention. La boîte crânienne est aussi volumineuse que la nôtre : en moyenne 1 600 centimètres cube pour les sujets supposés masculins et 1 300 centimètres cube pour les individus supposés féminins. Le chiffre le plus souvent cité pour la moyenne actuelle est de l'ordre de 1 450 centimètres cube. Toutefois notre volume crânien dépend de notre masse corporelle[3] : on trouve un rapport moyen de 5,3 % entre le poids de l'encéphale et celui du corps. Pour

Neandertal, le chiffre de 4,8 % a été avancé[4]. Il faut le prendre avec précautions : des moulages endocrâniens permettent une bonne estimation du poids du cerveau, mais la masse corporelle des fossiles est toujours très incertaine.

L'encéphale néandertalien, qui est donc de taille équivalente au nôtre, présente aussi une asymétrie nette entre la moitié gauche et la moitié droite, ce qui traduit une latéralisation semblable. Pourtant, son architecture générale diffère de la nôtre. Il est aussi long, moins haut et plus large. Les lobes frontaux sont moins convexes, plus fuyants vers l'arrière, la région pariéto-temporale a un plus grand volume. Enfin, les lobes occipitaux présentent une saillie postérieure correspondant à un « chignon occipital » que l'on observe sur la voûte crânienne.

Sur la face, malgré les sourcils, nous remarquons le fort bourrelet osseux situé au-dessus des orbites, le « torus sus-orbitaire ». Ce bourrelet, ainsi qu'un bourrelet occipital et les fortes superstructures osseuses, sont des traits primitifs que Neandertal partage avec tous les autres groupes fossiles non anatomiquement modernes : nous sommes les seuls hommes qui ne les possèdent pas.

D'autres caractères osseux, dissimulés par la peau et les cheveux, sont quant à eux des apomorphies* spécifiques à Neandertal. C'est le cas de la « fosse sus-iniaque » qui partage en deux, horizontalement, le torus occipital dans le plan médian du crâne ; de la forme arrondie en vue postérieure de la voûte crânienne ; de l'arcade zygomatique dans le prolongement du trou auditif externe.

L'os temporal de ces fossiles présente aussi de nombreuses autres apomorphies. Certaines ont été étudiées récemment par le biais de techniques médicales comme les scanners, par exemple les proportions des canaux semicirculaires de l'oreille interne[5] (voir l'encadré « L'oreille interne » page suivante).

* Cf. lexique p. 153

L'oreille interne

L'étude du labyrinthe osseux de l'oreille interne, organe de l'équilibre situé à l'intérieur de l'os temporal, est devenue possible depuis une quinzaine d'années grâce au développement des techniques d'imagerie médicale. Cette structure présente en particulier, du point de vue des analyses phylogénétiques, l'intérêt de ne pas dépendre du comportement des individus : elle est entièrement formée avant le cinquième mois de gestation.
En 1996, une équipe européenne a présenté les premiers résultats sur une oreille interne de néandertalien, à propos d'un os temporal d'enfant provenant d'un niveau châtelperronien* du site d'Arcy-sur-Cure, dans l'Yonne. Ils proposèrent une série de caractères qui distingueraient Neandertal à la fois des hommes modernes et des *Homo erectus**. Ils conclurent aussi que l'os examiné appartient bien à un Neandertal. L'enjeu était de taille : comme à Saint-Césaire, en Charente-Maritime, cette espèce était donc bien associée à cette culture, autrefois attribuée à l'homme anatomiquement moderne (lire le chapitre XV, p. 121).
Plus récemment, la même équipe a publié une étude plus détaillée du labyrinthe osseux. Elle confirme ses résultats initiaux, mais elle montre aussi que la variabilité de certains traits néandertaliens recouvre celle des hommes actuels. Des fossiles, comme Le Moustier 1, de Dordogne, se trouvent alors en position intermédiaire entre les deux populations.

Linda Bouchneb

Les apomorphies faciales néandertaliennes sont parmi les plus intrigantes. Sous la barre osseuse en double arcade du torus sus-orbitaire s'ouvrent deux orbites volumineuses de forme arrondie. Elles se combinent avec un espace interorbitaire large et un nez fortement coudé à son sommet, puis assez long.

Quel aspect avait ce nez avec ses cartilages ? On ne le sait pas vraiment. C'est d'ailleurs l'un des « cauchemars »

* Cf. lexique p. 153

des artistes et des chercheurs qui travaillent sur les dermoplasties. Les reconstitutions assistées par ordinateur aboutissent souvent à des nez si longs qu'on choisit de les raccourcir, ou de les rendre busqués. L'ouverture nasale néandertalienne est large en valeur absolue, mais plutôt étroite lorsqu'on la rapporte à la largeur faciale maximale.

La région sous les orbites ne présente pas de dépression comme on en observe sur tous les autres représentants du genre *Homo*, et qui individualise nos pommettes. Neandertal possède à la place une surface osseuse formant un plan oblique vers l'arrière et l'extérieur. Sa face est désignée comme étant en « extension », alors que la nôtre est dite en « inflexion ». Cette apomorphie néandertalienne pourrait être la conséquence à la fois de la projection vers l'avant de la partie médiane de leur face (la région interorbitaire, la région nasale, le prémaxillaire) et de la position plus reculée et interne de leur os zygomatique[6]. Sur la face de Neandertal, où tout est en moyenne plus long que sur la nôtre, cet os, soumis aux contraintes de la croissance des globes oculaires et de la puissance des muscles les plus puissants impliqués dans la mastication, est le seul dont la longueur est en moyenne inférieure à celle de l'homme anatomiquement moderne. Neandertal n'avait peut-être pas le même sourire que le nôtre.

Le bas du visage est marqué par l'absence de menton. Là encore, il s'agit d'un caractère primitif présent chez les prédécesseurs de Neandertal. Quand on l'examine de plus près, on constate que la mandibule néandertalienne est longue et puissante. Parmi les autres caractères primitifs, on trouve la multiplicité des trous mentonniers, la hauteur constante du corps de la mâchoire, les torus affectant la face postérieure de la région du menton. On trouve aussi de nombreuses apomorphies, la plus simple étant la présence d'un vaste espace entre la face postérieure de la dernière molaire et le bord antérieur de la branche montante[7].

Les dents

Comme tous les membres de la lignée humaine, Neandertal possède une dentition temporaire de 20 dents remplacée par une dentition permanente de 32 dents. Cela ne signifie toutefois pas que ces dents sont identiques aux nôtres. En moyenne, elles sont plus longues et plus larges, même si une part importante de leur variabilité chevauche celle de certaines populations humaines actuelles, qui se caractérisent par de grosses dents comme les Esquimaux. Si l'on s'intéresse aux proportions relatives (par exemple le rapport de la largeur sur la longueur d'une dent), le chevauchement de la variabilité néandertalienne avec celle des hommes actuels existe toujours, mais on peut mettre en évidence aussi des différences statistiquement significatives. Ainsi, les incisives et les canines sont plus larges par rapport à leur longueur. Les molaires sont assez longues. Les fossiles européens ont, comme toutes les autres populations humaines de l'époque, des dents assez volumineuses. Mais leurs dimensions traduisent aussi une diminution de la puissance du système masticateur par rapport à celui de groupes fossiles plus anciens comme les *Homo erectus*.

Les dents des néandertaliens présentent également des traits morphologiques que l'on ne retrouve pas avec les mêmes fréquences dans les autres populations d'hommes fossiles ou actuels. Ce ne sont pas des traits isolés qui caractérisent les néandertaliens : c'est l'association sur une même arcade dentaire d'un ensemble de particularités. Ainsi, la présence d'incisives en pelle, de canines portant une convexité verticale de la face externe allant de la couronne au bout de la racine, et avec un fort tubercule lingual, des prémolaires supérieures avec deux racines bien séparées sur leur face postérieure et reliées par une lamelle de dentine sur leur face antérieure, et enfin des molaires aux racines fusionnées représentent un ensemble de caractéristiques que l'on trouve beaucoup plus fréquemment chez Neandertal que dans tout autre groupe fossile. Naturellement, tous les néandertaliens ne présentent pas la même association de traits dentaires. Ils ont leur propre variabilité, qui n'est pas la nôtre.

Les différences morphologiques crâniennes entre les néandertaliens et les hommes actuels sont la conséquence d'un déterminisme génétique propre à chaque groupe. Mais la forme des ossements a aussi été modulée par divers facteurs comportementaux et culturels au cours de la croissance et à l'âge adulte. Le déroulement même de la croissance n'est pas identique pour tous, et certaines activités, liées par exemple à la communication, à la mastication et à la respiration, peuvent influer sur cette morphologie. Cela expliquerait en partie l'existence des différences régionales mises en évidence entre néandertaliens d'Europe et du Proche-Orient (lire le chapitre VII, p. 61). Cela pourrait aussi être un facteur explicatif de l'évolution dite « en mosaïque » des caractéristiques dérivées au sein de cette lignée (lire le chapitre VI, p. 51).

Pour mieux comprendre ce que signifient les caractères dérivés des néandertaliens, et leur importance dans les interprétations phylogénétiques sur l'origine, l'évolution et la disparition de cette lignée, il y a encore un travail considérable à accomplir. L'un des points les plus importants serait de mieux cerner la variabilité de chaque trait, et pas seulement à partir d'un référentiel établi avec les hommes actuels. En effet, la variabilité de ces derniers n'est pas similaire à celle des hommes modernes du Paléolithique supérieur*, et encore moins à celle des hommes modernes du Paléolithique moyen* ou à celle des « *Homo sapiens* archaïques ».

On connaît aujourd'hui près de 300 néandertaliens différents provenant de plus d'une centaine de gisements. C'est de très loin le plus grand échantillon d'hommes fossiles d'une même espèce (si l'on excepte la nôtre bien sûr). Mais c'est nettement insuffisant. La plupart de ces sujets ne sont représentés que par des restes isolés : un morceau de crâne, une dent, un fragment d'os long, etc.

* Cf. lexique p. 153

Pour 38 d'entre eux seulement, le squelette est bien conservé. Or, c'est surtout à partir de ces 38 individus, dont 18 sont des enfants ou des adolescents, que l'on raisonne lorsque l'on apprécie les caractéristiques néandertaliennes.

Malheureusement, ces nombres ont peu de chance de vite augmenter pour des raisons diverses. Les découvertes de vestiges humains sont très rares, et les plus spectaculaires de ces dernières années n'ont pas encore été publiées. Des considérations relatives à la protection du patrimoine et le manque de moyen se conjuguent pour en différer la fouille et l'étude. Un seul exemple : depuis sa découverte en 1993, le squelette bien conservé d'un prénéandertalien reste sous une couche de calcite dans une grotte du sud de l'Italie. Pour le Pléistocène moyen*, c'est le seul aussi complet connu au monde. Si ce problème est complexe, il est indispensable de trouver plus de fossiles et de les étudier pour répondre aux questions scientifiques que nous nous posons.

* Cf. lexique p. 153

Chapitre V

UN ADN SI SEMBLABLE, ET SI DIFFÉRENT

Pascal MURAIL

Quelles ont été les relations entre Neandertal et les premiers hommes européens anatomiquement modernes ? Ont-ils eu une descendance commune ? Longtemps centré sur les caractères morphologiques osseux des fossiles, le débat bénéficie depuis une dizaine d'années d'un nouveau type d'arguments : la caractérisation d'une partie du génome néandertalien. Sa comparaison, d'abord avec celui des hommes actuels puis avec celui d'hommes anatomiquement modernes du Paléolithique supérieur, a permis de commencer à démêler nos liens de parenté.

La première séquence génétique néandertalienne a été obtenue en 1997[1]. Longue d'environ 400 paires de bases*, elle provenait du fossile nommé « Feldhofer 1 », premier Neandertal identifié comme tel (lire le chapitre I, p. 13). Sa comparaison avec un échantillon représentatif de la population actuelle laissait entrevoir de fortes divergences : en moyenne 27 paires de bases différentes (on parle de mutations), contre environ 8 entre deux séquences équivalentes d'hommes actuels.

La séquence obtenue correspond à un ADN particulier : l'ADN mitochondrial, contenu dans les mitochondries*.

* Cf. lexique p. 153

L'ORIGINE DE L'ADN NEANDERTALIEN

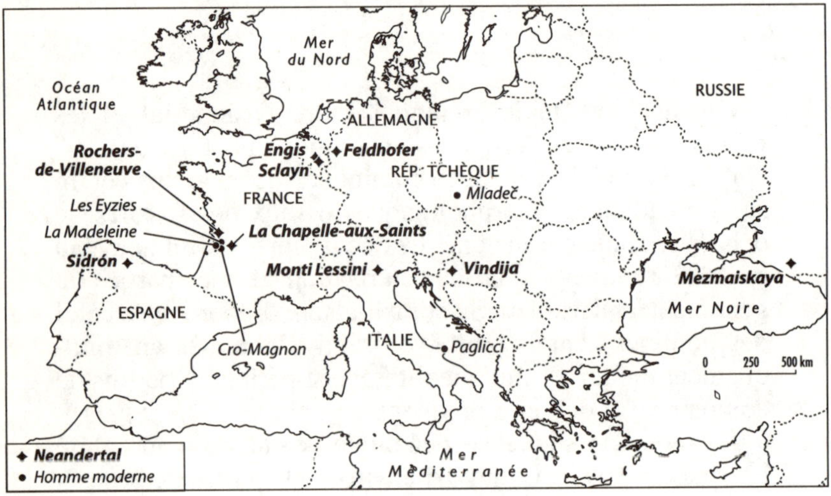

Neuf sites répartis dans toute l'Europe ont livré de l'ADN néandertalien (en gras). Le génome de quelques hommes anatomiquement modernes du Paléolithique supérieur a aussi été partiellement séquencé (en maigre).

Celui-ci est préférentiellement recherché en paléogénétique, car présent en quantité bien supérieure à l'ADN du noyau de la cellule. Long de 16 569 paires de bases pour la séquence de référence actuelle, l'ADN mitochondrial est transmis exclusivement par la mère et conduit donc à des interprétations sur les lignées maternelles exclusivement. L'ADN ancien étant dégradé et fragmenté, seuls des segments de petite taille sont recherchés et amplifiés, particulièrement dans la région non codante* de l'ADN mitochondrial qui présente une variabilité importante. Il s'agit des « régions hypervariables I et II » (longues respectivement d'environ 400 et 250 paires de bases). Leur variabilité au sein de l'humanité actuelle est bien décrite, elle permet de discuter les affinités entre populations humaines, voire parfois de proposer des schémas de peuplement en fonction de leurs distributions géographiques. Le plus souvent, dans le cas des travaux réalisés sur les néandertaliens, seule la région hypervariable I est explorée, et, pour nombre d'entre eux, une portion réduite de ce segment.

À l'heure actuelle, plusieurs laboratoires sont ainsi parvenus à identifier une séquence d'ADN mitochondrial chez treize fossiles néandertaliens. L'échantillon est certes réduit, mais assez représentatif de l'extension géographique de la lignée : il comprend des fossiles du sud-ouest de la France (La Chapelle-aux-Saints et Les Rochers-de-Villeneuve), de Belgique (Sclayn et Engis 2), de Croatie (3 spécimens de Vindija), d'Allemagne (2 spécimens de Feldhofer), d'Espagne (2 spécimens d'El Sidrón), d'Italie (Monti Lessini) et de Crimée (Mezmaiskaya). Ces spécimens sont datés d'environ 100 000 ans pour le plus ancien (Sclayn) et 29 000 ans pour le plus récent (Mezmaiskaya), qui est aussi l'un des tout derniers néandertaliens connus. Les autres fossiles analysés sont cependant concentrés sur les vingt derniers millénaires d'existence de la lignée.

La comparaison des 13 séquences d'ADN néandertalien

* Cf. lexique p. 153

dont nous disposons révèle qu'elles présentent toutes la même combinaison de trois mutations aux positions 16 234, 16 244 et 16 256. L'association de ces mutations n'a jamais été observée parmi les milliers de séquences d'hommes actuels disponibles. On peut donc la considérer comme caractéristique de Neandertal. En outre, cela indique que la contribution maternelle néandertalienne au pool génétique actuel a été sinon nulle, du moins extrêmement faible.

Pour sept spécimens on a amplifié une séquence longue d'au moins 300 paires de bases de la région hypervariable I. La comparaison de ces séquences entre elles a montré que la diversité génétique néandertalienne était aussi importante que celle observée chez l'homme actuel. Elle laisse aussi apparaître une forte homogénéité des fossiles d'Europe Centrale, alors que ceux de Crimée et d'Italie se distinguent par des mutations supplémentaires[2]. Ces travaux témoignent d'une histoire démographique et évolutive complexe pour la lignée néandertalienne.

Les différences observées entre le génome de Neandertal et le nôtre ne sont pas suffisantes pour éliminer l'hypothèse d'un métissage de celui-ci avec les premiers hommes modernes d'Europe : depuis 25 000 ans, les variations démographiques, accroissement des populations ou au contraire réduction forte et rapide, ainsi que la dérive génétique*, peuvent avoir effacé les effets d'un éventuel métissage dans les populations actuelles.

Un exemple récent illustre bien ce type de phénomène[3]. Une équipe européenne a extrait et amplifié de l'ADN provenant de 24 individus qui ont vécu en Allemagne, en Autriche et en Hongrie il y a environ 7 000 ans. Pour 6 spécimens, soit 25 % des cas, les généticiens ont identifié une séquence d'ADN mitochondrial particulière nommée N1a. Cependant seuls 0,2 % des Européens actuels possèdent cette séquence, ce qui montre la très faible influence de cette lignée maternelle sur les populations actuelles.

* Cf. lexique p. 153

Sept millénaires « seulement » nous séparent de ces populations, dont rien ne permet de contester *a priori* l'ascendance. Que sera la fréquence de cette séquence spécifique après quinze autres millénaires ?

Seule la comparaison avec la variabilité génétique des premiers hommes modernes européens, proches chronologiquement de la lignée néandertalienne, peut en fait permettre d'approcher la question du métissage. À ce jour, sept fossiles du Paléolithique supérieur* ont livré de l'ADN mitochondrial : le fossile éponyme de Cro-Magnon, ceux de l'abri Pataud et de La Madeleine, en France ; deux fossiles de Mladeč, en République tchèque, et enfin deux individus de Paglicci, en Italie. Aucun d'entre eux ne présente, sur la séquence recherchée, la combinaison spécifique de mutations néandertaliennes.

Ces résultats suffisent-ils pour réfuter tout métissage entre Neandertal et les premiers hommes modernes ? Comme nous l'avons vu, seule la lignée maternelle est prise en compte. Nous ne connaissons pas les informations génétiques portées par le chromosome Y, caractéristique de la lignée paternelle, ni celles portées par les autres chromosomes, issus à la fois des lignées maternelle et paternelle. Rien n'autorise à transposer sur les autres marqueurs génétiques ce que nous observons sur l'ADN mitochondrial.

Ensuite, il existe une limite méthodologique qui concerne la contamination des restes anciens par de l'ADN actuel. Toute séquence ancienne obtenue qui est retrouvée dans les populations actuelles peut être soit authentique, soit relever d'une contamination. Le plus souvent, les paléogénéticiens retiennent la dernière hypothèse et ne prennent pas en compte le résultat. Pallier cette difficulté par des amorces (une petite séquence d'ADN utilisée pour l'amplification de l'ADN) spécifiques à Neandertal est donc obligatoirement limitatif, puisque l'objectif est la recherche d'ADN néandertalien et non d'ADN actuel[4]. Cela exclut *a priori* la prise

* Cf. lexique p. 153

en compte de toute séquence d'hommes actuels éventuellement retrouvée chez un fossile néandertalien.

L'interprétation des données doit aussi prendre en compte les différents scénarios expliquant l'arrivée des hommes modernes en Europe, et intégrer des simulations quant à leur expansion démographique. Mathias Currat et Laurent Excoffier, de l'université de Genève, ont récemment exploré différentes hypothèses en intégrant les notions de compétition, de partage du territoire et d'avantages culturels, et en tenant compte de la fluctuation de différents paramètres[5]. Quels que soient les scénarios et les simulations effectuées, ils en concluent que le taux de métissage entre les deux groupes fossiles n'a pas dû excéder 0,09 %.

Les questions auxquelles on répond... ou pas

Le séquençage de l'ADN permet-il de reconnaître un Neandertal en cas de doute ? Parfois oui. Ainsi Cédric Beauval et ses collègues ont-ils retrouvé aux Rochers-de-Villeneuve, dans la Vienne, un fragment de la partie médiane d'un fémur gauche. Sa morphologie a conduit les anthropologues à l'attribuer à Neandertal. L'analyse génétique a permis de confirmer cette appartenance : la séquence retrouvée contient les trois mutations caractéristiques de Neandertal[6].

Malheureusement, les conclusions ne sont pas toujours aussi tranchées. Ainsi deux fossiles découverts à Vindija, en Croatie, et deux autres à Mladeč, en République tchèque, présentent une morphologie crânienne qui témoignerait, selon certains anthropologues, de métissages entre Neandertal et l'homme moderne. L'ADN mitochondrial a révélé une séquence typiquement néandertalienne à Vindija, mais pas à Mladeč. Cela nous indique à quelles lignées maternelles appartenaient ces différents fossiles, mais ne nous apprend rien quant à leurs lignées paternelles, qui pourraient avoir été différentes.

Mais ces résultats, et plus généralement le débat qui entoure les relations entre les deux groupes fossiles, reposent sur leur coexistence supposée en Europe pendant 10 000 à 12 000 ans. On associe en effet généralement l'arrivée des hommes modernes en Europe à l'apparition de la culture aurignacienne*. Dans le même temps, Neandertal aurait perpétué la culture moustérienne, ou aurait développé d'autres types de culture, tel le Châtelperronien*. Or, ce parallèle strict entre tradition culturelle et lignée humaine est aujourd'hui très controversé (lire le chapitre XV, p. 121). En termes de chronologie, cette durée n'est pas non plus attestée par les fossiles découverts. De plus, les néandertaliens et les hommes du Paléolithique supérieur pour lesquels on dispose de séquences d'ADN ne sont pas contemporains, loin s'en faut. Par exemple l'homme moderne de La Madeleine, qui a été séquencé, est aussi éloigné dans le temps des néandertaliens les plus récents que de nous : plus de 15 000 ans.

À ce jour, il apparaît clairement que la contribution de Neandertal à notre génome actuel par la lignée maternelle a été nulle ou trop faible pour être détectée. La question du métissage demeure plus problématique, même si les arguments convergent plutôt vers son inexistence. Les résultats obtenus ne sont en revanche pas pertinents pour contester une interfécondité biologique entre ces deux taxons et son corollaire sur la notion d'espèce. La question du métissage requiert la poursuite des efforts conjugués des préhistoriens, des paléoanthropologues et des spécialistes de la biologie moléculaire.

L'avenir proche devrait apporter de nouveaux éléments de discussion, à commencer par l'augmentation des analyses paléogénétiques, tant des spécimens de Neandertal que des premiers hommes modernes. L'accès à la lignée paternelle représente aussi un challenge de première importance, qui dépend principalement des innovations en biologie moléculaire. Récemment, l'équipe

* Cf. lexique p. 153

de Svante Pääbo, de l'Institut Max Plank de Leipzig, a annoncé d'ailleurs le séquençage, grâce à une technique novatrice, de près d'un million de bases nucléaires (dont une partie du chromosome Y) d'un Neandertal de Vindija[7].

Chapitre VI

SUR LES TRACES DES PREMIERS EUROPÉENS

Hélène ROUGIER

Neandertal est sans doute le seul représentant de la famille humaine dont l'existence serait entièrement liée à l'Europe. Il est le fruit d'une évolution de plusieurs centaines de milliers d'années qui s'y est déroulée. À partir d'il y a 450 000 ans environ, on voit en effet apparaître une « lignée néandertalienne » : les fossiles retrouvés en Europe présentent certains traits caractéristiques de Neandertal.

Les anthropologues débattent toutefois vivement des relations entre ces différents fossiles, ainsi que des mécanismes évolutifs qui ont sélectionné ces traits. Par ailleurs, on n'a pas non plus de certitude quant aux ancêtres de cette lignée néandertalienne. L'Europe a été peuplée très anciennement par des groupes humains dont les relations avec leurs successeurs sont loin d'être claires.

Les plus vieilles traces humaines certaines trouvées hors d'Afrique proviennent d'un site d'Asie de l'Ouest, Dmanisi, en Géorgie. David Lordkipanidze, du Muséum national de Géorgie, et ses collègues y ont trouvé les restes bien conservés de plusieurs individus datés de près de 1,8 million d'années et rapportés par une partie de l'équipe à une forme ancienne d'*Homo erectus** ou d'*Homo ergaster**.

* Cf. lexique p. 153

LES PREMIERS EUROPÉENS

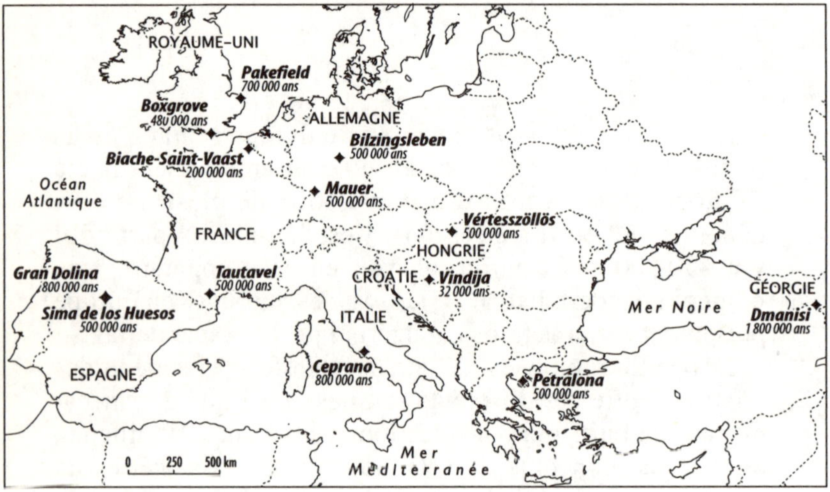

C'est à Dmanisi, en Géorgie, aux portes de l'Europe, que l'on a découvert les plus anciens fossiles d'hommes non Africains : ils sont vieux de près de 1,8 millions d'années. Les restes humains immédiatement plus récents en Europe ont été trouvés à la Gran Dolina d'Atapuerca, en Espagne, et à Ceprano, en Italie. Ils auraient 800 000 ans.

Les hommes de Dmanisi sont aux « portes de l'Europe », selon l'expression consacrée. Les relations entre ces premiers hommes non africains et les premiers fossiles découverts en Europe sont cependant difficiles à établir puisque ceux-ci, vieux de 800 000 à 900 000 ans, sont plus récents de 1 million d'années. Ils proviennent des sites de la Gran Dolina d'Atapuerca, en Espagne, et de Ceprano, en Italie. En 1997, l'équipe de José Maria Bermúdez de Castro, du Musée national des sciences naturelles de Madrid, a défini la nouvelle espèce *Homo antecessor* pour caractériser les restes humains de la Gran Dolina[2]. Selon Giorgio Manzi et ses collaborateurs de l'Institut italien de paléontologie humaine, le crâne fragmentaire de Ceprano serait lui aussi à rapprocher de cette espèce[3].

Là non plus, le lien avec les vestiges humains plus récents, ceux de la lignée néandertalienne, n'est pas clair. Ces derniers sont-ils directement issus de ces populations européennes anciennes ou représentent-ils une nouvelle vague de peuplement, depuis l'Afrique ou l'Asie ? La cause de l'incertitude est toujours la même : le grand espacement dans le temps des vestiges humains.

Les premiers représentants non ambigus de la lignée néandertalienne ont donc de 400 000 à 500 000 ans seulement. Les plus importants proviennent une fois encore de la sierra d'Atapuerca, mais d'un autre gisement, nommé Sima de los Huesos. Celui-ci a livré une série exceptionnelle de restes représentant une trentaine d'individus. Juan Luis Arsuaga, de l'université de Madrid, et ses collègues les rapportent à l'espèce *Homo heidelbergensis*, créée en 1908 pour décrire une mandibule découverte à Mauer, en Allemagne[4]. Ils incluent dans cette espèce les autres spécimens européens du milieu du Pléistocène moyen*, comme ceux découverts à Petralona en Grèce, à Bilzings-

* Cf. lexique p. 153

DIFFÉRENTS SCÉNARIOS ÉVOLUTIFS

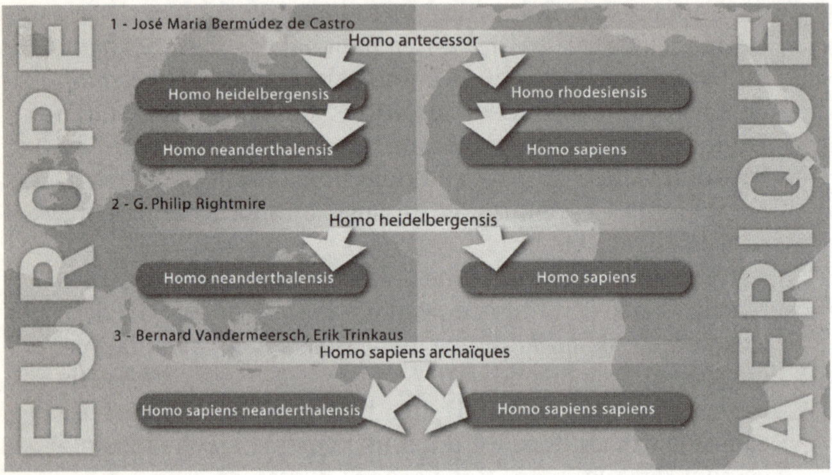

Plusieurs scénarios ont été proposés pour situer neandertal par rapport à l'homme moderne. Pour José Maria Bermúdez de Castro (1), *Homo antecessor* serait l'ancêtre commun de deux lignées : la première, européenne, avec *Homo heidelbergensis* et *Homo neanderthalensis ;* la deuxième, africaine, avec *Homo rhodesiensis* et *Homo sapiens*. Pour G. Philip Rightmire (2), *Homo antecessor* n'existe pas et les fossiles européens et africains du Pléistocène moyen appartiennent à une même espèce, *Homo Heidelbergensis*, qui serait l'ancêtre commun de Neandertal et de l'homme moderne. Enfin, d'autres comme Bernard Vandermeersch ou Erik Trinkaus (3), pensent que des *Homo sapiens* archaïques seraient présents sur les deux continents dès le Pléistocène moyen ; Neandertal ne serait qu'une sous-espèce.

leben en Allemagne, à Tautavel en France, ou à Vértesszöllös en Hongrie.

José Maria Bermúdez de Castro propose, lui, un scénario évolutif dans lequel *Homo antecessor* serait l'ancêtre commun de deux lignées. La première, européenne, comprendrait dans l'ordre chronologique les espèces *Homo heidelbergensis* et *Homo neanderthalensis*. La deuxième, africaine, serait représentée par *Homo rhodesiensis** et *Homo sapiens*.

D'autres anthropologues, comme G. Philip Rightmire, de la State University de New York, optent pour un schéma plus simple[5]. Ils placent dans la même espèce *Homo heidelbergensis* les fossiles européens et africains du Pléistocène moyen*, y compris ceux attribués à *Homo antecessor* (pour eux, cette espèce n'existe tout simplement pas). *Homo heidelbergensis*, espèce polymorphe, largement répandue à la fois dans le temps et l'espace, serait alors l'ancêtre commun de Neandertal et de l'homme moderne.

D'autres scientifiques encore, comme Bernard Vandermeersch de l'université Bordeaux 1, ou Erik Trinkaus de l'université Washington de Saint Louis, aux États-Unis, ne trouvent pas justifié d'invoquer une espèce à part pour classer les fossiles du Pléistocène moyen en Europe ou en Afrique[6]. Selon eux, des *Homo sapiens* archaïques seraient présents sur les deux continents dès cette époque, et Neandertal ne serait qu'une sous-espèce, qu'ils nomment *Homo sapiens neanderthalensis*.

On le voit, il n'existe pas de consensus pour décrire l'évolution humaine en Europe. Les spécialistes ne s'accordent pas sur les espèces auxquelles il convient d'attribuer les fossiles. Des équipes en ont même créé d'autres que celles déjà mentionnées, comme *Homo cepranensis*, pour le spécimen de Ceprano, et *Homo georgicus*, pour l'un des fossiles de Dmanisi.

* Cf. lexique p. 153

La conquête du Nord

À quelle vitesse les populations humaines ont-elles conquis l'Europe ? On connaît peu de sites archéologiques du Pléistocène inférieur*, alors qu'ils deviennent plus nombreux au Pléistocène moyen. Est-ce dû au fait que les traces de l'occupation ancienne de l'Europe n'auraient pas été conservées ? Ou plutôt, comme le pensent les partisans d'une chronologie dite courte, parce que l'homme n'occupait pas le continent avant 800 000 ans, au moins les zones de latitudes moyennes et élevées ?

En 2005, la découverte de galets taillés sur la plage de Pakefield, au Sud de l'Angleterre, a démontré que des hommes étaient venus très au nord il y a environ 700 000 ans. Mais le fait que cette occupation date d'une période où le climat était particulièrement clément a conduit des archéologues tel que Wil Roebroeks, de l'université de Leyde, à proposer que l'expansion humaine vers le Nord de l'Europe n'aurait été qu'épisodique. Un consensus quant à une présence de l'homme dans ces zones n'est établi qu'à partir de 500 000 ans. Le site de Boxgrove, au Sud de l'Angleterre, par exemple, atteste une présence humaine longue à cette période et traversant des changements climatiques marqués. Au moins à partir de cette date, les hommes fossiles européens étaient capables de peupler les territoires septentrionaux.

En ce qui concerne la lignée néandertalienne heureusement, personne ne doute de son existence, ni qu'elle représente tous les fossiles européens à partir du milieu du Pléistocène moyen. À la différence des fossiles non européens de la même période, ils possèdent sans conteste des traits qui préfigurent Neandertal. Que ce constat amène ou non à en faire une espèce particulière, il les rattache dans tous les cas à la lignée néandertalienne.

* Cf. lexique p. 153

Comment l'évolution s'est-elle déroulée au sein de cette lignée ? Du point de vue anatomique, Neandertal est caractérisé par un ensemble de traits dérivés, ou apomorphies*, qui lui est propre (lire le chapitre IV p. 33). Or, dans la lignée néandertalienne, ces apomorphies se mettent en place selon une évolution « en mosaïque » : elles apparaissent indépendamment les unes des autres, à différentes périodes et dans différentes régions.

Le plus souvent, l'émergence de la lignée néandertalienne est décrite par le scénario suivant[7]. Au cours du Pléistocène, le climat de l'Europe a été soumis à une alternance cyclique entre des période glaciaires assez longues, et des périodes interglaciaires plus courtes. Lors des glaciations, une calotte glaciaire étendue au Nord et des glaciers sur les différentes chaînes de montagne auraient formé des barrières naturelles infranchissables. Les populations humaines peu nombreuses, isolées du reste du monde dans cet espace géographique réduit et morcelé, auraient subi une dérive génétique*. C'est ce qui aurait provoqué la fixation de certains caractères. La plupart des préhistoriens s'accordent sur cette description, même si elle a quelques faiblesses. Rien ne prouve par exemple que l'isolement de l'Europe ait jamais été complet, et la question reste ouverte de savoir s'il est nécessaire d'invoquer un isolement total pour expliquer l'évolution de la lignée néandertalienne.

Des anthropologues comme David Dean, de l'université Case Western Reserve de Cleveland, aux États-Unis, et ses collaborateurs, ont tenté de définir des étapes à cette évolution, en listant pour chacune un ensemble d'apomorphies globalement acquises (mais pas forcément présentes sur chaque spécimen)[8]. Ils ont ainsi distingué des « pré-néandertaliens anciens » et « récents » (qui correspondent aux fossiles du Pléistocène moyen dont nous avons vu que le statut taxinomique est très débattu), des « néandertaliens

* Cf. lexique p. 153

anciens » et des « néandertaliens récents », ces derniers étant aussi qualifiés de « classiques ». Les néandertaliens anciens seraient présents à partir d'environ 250 000 ans. Les néandertaliens récents sont les individus de la lignée qui portent la majorité des traits dérivés, à partir d'il y a environ 70 000 ans. De façon générale, ce sont aussi les seuls réellement reconnus comme « hommes de Neandertal », les autres représentants de la lignée étant alors rangés dans un groupe large de « prénéandertaliens ».

Ce découpage a le mérite d'essayer de poser des jalons dans une situation compliquée. Cependant, les catégories de « prénéandertaliens » et de « néandertaliens classiques », même prises dans une acception large, reflètent mal ce que l'on observe sur les fossiles : les processus de l'évolution néandertalienne sont très complexes et n'offrent pas une telle linéarité. Ainsi, le fossile Biache-Saint-Vaast 1, du Nord de la France, daté entre 200 000 et 240 000 ans, ressemble-t-il à un néandertalien récent alors que, chronologiquement, on devrait le classer parmi les prénéandertaliens. Autre exemple, des néandertaliens chronologiquement récents découverts en Europe centrale, comme à Vindija, en Croatie, ont des traits assez ambigus pour que les partisans d'une évolution en ligne directe de Neandertal vers l'homme anatomiquement moderne aient longtemps vu en eux des preuves de leur théorie. Celle-ci est aujourd'hui complètement abandonnée mais, dans ces régions, on ne peut écarter *a priori* d'éventuelles relations entre les représentants plus anciens de la lignée néandertalienne et d'autres populations d'hommes archaïques.

Les anthropologues se sont longtemps attachés à généraliser les informations relatives à Neandertal et à proposer des hypothèses globales. Nous sommes toutefois de plus en plus nombreux à penser que nous devons considérer le peuplement de l'Europe d'un point de vue régional. Toutes les zones du continent n'ont pas forcément été occupées de la même façon (voir l'encadré « La conquête du Nord », p. 56), et elles n'ont peut-être pas abrité non plus la même

« histoire biologique », selon leur localisation et leur relief. Ce qui est vrai à l'extrême Ouest de l'Europe ne l'est peut-être pas dans la zone « carrefour » de l'Europe centrale. Géographiquement, cette dernière est l'une des voies de passage privilégiées pour une dispersion allant d'Afrique vers l'Eurasie, alors que le Sud-Ouest et le Nord-Ouest de l'Europe constituent des culs-de-sac.

Neandertal en Orient

L'évolution de la lignée néandertalienne se déroule principalement en Europe. On trouve également des néandertaliens au Proche et au Moyen-Orient, mais ces zones géographiques semblent n'être que périphériques et leur peuplement secondaire, à partir de populations qui sont déjà bien engagées dans la lignée néandertalienne. En effet, certains traits présents sur les fossiles proche-orientaux rappellent davantage la disposition observée sur les prénéandertaliens (au sens large) que sur les néandertaliens récents. La dégradation climatique de l'avant-dernière phase glaciaire, qui a débuté il y a environ 70 000 ans, pourrait avoir poussé les néandertaliens à étendre leur aire de répartition.

Malheureusement, nos méthodes et l'enregistrement fossile fragmentaire dont nous disposons ne nous permettent encore que rarement de mener de telles analyses à une échelle régionale et sur des laps de temps assez courts. Nos schémas de réflexion se fondent sur peu d'individus, souvent fragmentaires et dispersés sur des périodes de temps très longues. De plus, leur distribution est biaisée et reflète davantage l'intensité récente de la recherche que la réelle occupation du territoire aux temps préhistoriques.

Du point de vue de l'anthropologie elle-même, l'une des limites que nous atteignons pour davantage « faire parler » les fossiles est celle de la signification des variations anatomiques. Les processus biologiques qui gouvernent la mise en place des caractéristiques particulières à Neandertal sont mal compris. Quels caractères sont l'expression directe d'une information génétique ? Lesquels sont liés à d'autres traits ? Quels sont ceux dont la disposition peut être influencée, voire altérée par les facteurs environnementaux au cours de la vie de l'individu ? Il est indispensable, de ce point de vue, de mieux connaître la variabilité au sein des populations. De nombreuses différences attribuées à des stades évolutifs distincts, voire considérées comme caractéristiques d'espèces particulières, relèvent peut-être plus simplement de la variabilité à l'intérieur d'une population, qui est une donnée biologique normale.

Chapitre VII

« UN SIMPLE *HOMO SAPIENS* »

Entretien avec Baruch Arensburg

*Pourquoi Neandertal est-il traditionnellement classé comme une espèce différente d'*Homo sapiens *?*

Baruch Arensburg : D'après la théorie classique, *Homo erectus* quitte l'Afrique il y a environ 1,8 million d'années pour l'Asie et l'Europe. Il y a 300 000 ans, il commence à évoluer pour donner naissance à deux lignées distinctes : *Homo sapiens*, en Afrique et en Asie et *Homo neanderthalensis*, en Europe. La plupart des archéologues et des anthropologues classent ce dernier type humain dans une espèce distincte, en raison de ses traits anatomiques différents de ceux d'*Homo sapiens* : un crâne volumineux et allongé, une face projetée vers l'avant, un menton absent, un front fuyant, des bourrelets sus-orbitaux proéminents, une carrure robuste, une petite taille, des membres courts, etc. (lire le chapitre IV, p. 33). Selon les tenants de cette taxinomie, *Homo erectus* aurait évolué de façon définitive vers *Homo neanderthalensis* durant la dernière glaciation du Quaternaire, il y a environ 90 000 ans. Isolé en Europe, il aurait développé des caractères morphologiques spécifiques en raison d'un faible brassage génétique et de son adaptation au froid. Plusieurs fossiles présentant ces traits néandertaliens « classiques » ont été retrouvés en France, en Belgique en Italie, en Allemagne. Et d'autres, un peu différents, ont également été découverts en Syrie, en Irak, en Ouzbékistan et en Israël, dans des grottes du mont Carmel, comme à Amud et à Kebara. Ils y ont vécu, il y a 60 000 à 45 000 ans.

Des restes de Neandertal ont été retrouvés en Europe, d'autres au Proche-Orient. Comment interpréter cette distribution ?

Selon les partisans de la thèse classique, quelques néandertaliens européens auraient immigré au Proche-Orient. Le problème : dans les années 1930, le squelette d'une femme présentant tous les traits propres aux Neandertal d'Europe a été découvert en Israël, à Tabun, l'une des grottes du mont Carmel. Or, elle était âgée... de 120 000 ans ! Une datation qui contredit la théorie traditionnelle : comment affirmer que les néandertaliens classiques sont apparus il y a 70 000 ans, alors qu'ils étaient déjà présents au Proche-Orient 50 000 ans auparavant ?

Où les Neandertal seraient-ils donc apparus ?

L'histoire de Neandertal peut être retracée d'une façon bien différente. Je pense qu'*Homo erectus* a traversé Israël pour rejoindre, d'Afrique, l'Europe et l'Asie. À cette période, Israël formait un « couloir » entre les trois continents. Les grottes du pays fournissent des preuves claires de ce passage : plusieurs restes humains, vieux de 1,7 million d'années, de 700 000 ans, de 300 000 ans, de 120 000 ans, jusqu'à aujourd'hui, y ont été retrouvés. Les grottes de Qafzeh, au sud-est de Nazareth et de Skhul, sur le mont Carmel, ont révélé des ossements d'*Homo sapiens* archaïque, âgés de 92 000 et 100 000 ans. Une datation proche de celle du squelette de Tabun, géographiquement voisin. D'ailleurs, que ce soit en Syrie, au Liban, en Irak ou en Israël, de nombreux vestiges d'*Homo sapiens* ou de squelettes présentant des caractéristiques néandertaliennes ont été découverts, presque côte à côte. Or, quelle que soit l'anatomie des ossements humains retrouvés, on sait que ces premiers hommes partageaient la même culture : la culture moustérienne, qui se traduit, entre autres, par la fabrication d'outils en pierre avec des méthodes très perfectionnées (lire le chapitre IX, p. 77), et par des relations sociales organisées.

Suggérez-vous que Neandertal et Homo sapiens *ne forment qu'une seule espèce ?*

Oui, Neandertal n'est, pour moi, qu'une sous-espèce d'*Homo sapiens*. La preuve : si l'on plaçait sur une table tous les outils fabriqués par les moustériens et que l'on demandait aux préhistoriens les plus avertis de déterminer lesquels ont été taillés par *Homo sapiens* et lesquels par Neandertal, ils nous répondraient qu'il est impossible de trancher. Ces deux types d'hommes partageaient la même culture. Seulement, certains d'entre eux étaient plus robustes, d'autres plus graciles ! Leur mode de vie similaire prouve aussi qu'*Homo sapiens* et Neandertal ne formaient qu'une seule population : tous enterraient leurs morts (lire les chapitres XII et XIII, p. 103 et 109) et employaient le feu, par exemple. Toute cette organisation suggère que ces hommes communiquaient entre eux, par la parole. Neandertal possédait cette capacité. Avec Anne-Marie Tillier, du CNRS, à Bordeaux, nous avons trouvé, en 1985, un os hyoïde* appartenant à un squelette de type néandertalien, dans la grotte de Kebara, en Israël. Cet os, similaire à celui des *Homo sapiens*, prouve que Neandertal pouvait accéder à un langage articulé[1] (lire le chapitre XI, p. 93).

Pour vous, l'Europe constitue tout de même le centre néandertalien ?

Oui. Des traits anatomiques néandertaliens sont d'abord apparus en Israël, mais plus les hommes se

* Cf. lexique p. 153

rapprochaient de l'Europe, plus ces caractères étaient nombreux et marqués : c'est une sorte d'évolution géographique et chronologique. C'est au cœur du Vieux Continent, en Belgique, en France ou en Espagne, que l'on trouve le maximum de traits néandertaliens. Une « néandertalisation » s'est opérée de l'Afrique vers l'Europe, en passant par Israël. Les Neandertal ne sont donc pas « nés » en Europe. Ils ont évolué en se rapprochant de ce continent.

Pourquoi Homo sapiens *aurait-il évolué ainsi vers* Homo sapiens neanderthalensis *?*

Il existe de grandes différences climatiques entre Israël et l'Europe : à cette époque, Israël connaît une phase pluviale, mais qui n'est pas aussi froide qu'en Europe. Dès lors, la faune et l'environnement sont très distincts. En Israël, l'homme mangeait des végétaux ; en Europe, il se nourrissait plutôt de viande, par exemple. Mais le changement climatique n'est pas la seule cause de cette évolution. Les populations qui partent vers l'Europe se déplacent en petits groupes, et, de ce fait, se reproduisent entre elles. Ainsi, elles connaissent un changement génétique plus marqué en comparaison avec les populations nombreuses. De l'Afrique à Israël, certains groupes demeurent *sapiens*, d'autres deviennent plus néandertaliens. Cette évolution s'est produite sur une durée de 100 000 à 200 000 ans.

Comment expliquez-vous que l'on ait retrouvé en Europe des fossiles humains possédant des traits prénéandertaliens, datant d'il y a 450 000 ans, comme sur le site de Tautavel, dans les Pyrénées-Orientales, par exemple ?

La capacité crânienne de l'un des hommes de Tautavel, baptisé Arago 21, est de 1 166 centimètres cubes, un volume plus proche de celui des *Homo erectus* que des 1 600 centimètres cubes de boîte crânienne de Neandertal.

La variabilité anatomique des restes humains retrouvés à Tautavel est extrêmement grande et, bien sûr, certains traits peuvent paraître plus voisins de ceux de Neandertal[2] ou de ceux d'*Homo erectus*[3]. La même variabilité apparaît chez les anciens *Homo sapiens* des grottes de Skhul et de Qafzeh en Israël. Je doute donc que les fossiles de Tautavel soient les ancêtres des Neandertal.

Une morphologie différente ne garantit donc pas l'appartenance à une espèce distincte ?

Tout à fait ! En Israël, beaucoup de vestiges humains de la période moustérienne rappellent à la fois l'anatomie des *Homo sapiens*, et celle des Neandertal. Dans la grotte de Skhul, sur le mont Carmel, en Israël, par exemple, les restes d'un enfant sans menton, datant d'environ 100 000 ans, ont d'abord fait penser à un Neandertal. Or, le squelette a été exhumé aux côtés d'autres ossements humains présentant toutes les caractéristiques des premiers hommes modernes : les scientifiques en ont alors déduit qu'il s'agissait d'un *Homo sapiens*. L'absence de menton est un trait caractéristique de Neandertal. La grotte de Kebara fournit un autre exemple de difficulté pour trancher entre *Homo sapiens* et Neandertal : nous y avons découvert la partie supérieure d'un squelette adulte, excepté son crâne. Or, les ossements sont, ici encore, un mélange : comme les premiers hommes modernes, l'individu possède un menton, mais sa mâchoire est très forte et son bassin présente les traits anatomiques néandertaliens. De ce fait, ce squelette provoque de grandes discussions entre anthropologues. De plus, l'individu affiche aussi des traits uniques, trouvés nulle part ailleurs. Je pense que le squelette n'est pas à classer d'un côté ou de l'autre. Cette hybridation d'*Homo sapiens* et de Neandertal n'est pas très étonnante : de nos jours aussi, les hommes d'une même population présentent des traits spécifiques et mélangés. Le fait que le squelette de Kebara possède tous ces caractères constitue une preuve de néandertalisation. Et révèle la difficulté de traiter de deux populations différentes ayant vécu ensemble. Ces différences morphologiques ne justifient nullement la création d'une espèce. Elles sont comparables, par exemple, à celles observées entre les Occidentaux et les Pygmées.

Qu'est-ce qui pourrait permettre de trancher définitivement le débat entre vous et les tenants de la thèse classique ?

La génétique. Tant que les généticiens ne prouveront pas de façon certaine que les Neandertal sont une espèce différente, on ne pourra jamais affirmer qu'ils appartiennent à une autre espèce qu'*Homo sapiens*. Pour cela, il faudrait connaître les gènes d'*Homo sapiens* et ceux de Neandertal afin de les comparer et établir si la variation génétique est acceptable ou non. Pour le moment, on ne connaît pas encore vraiment l'ADN d'un Neandertal, car les méthodes ne sont pas assez fiables (lire le chapitre V, p. 43). Impossible donc d'établir scientifiquement que Neandertal et *Homo sapiens* sont deux espèces différentes.

L'homme de Flores et l'homme de la Solo*, contemporains d'*Homo sapiens, *pourraient-ils être des équivalents asiatiques de Neandertal ?*

Je n'ai pas beaucoup étudié le cas de l'homme de Flores[4]. Ce qui me gène dans cette histoire, ce n'est pas la taille du squelette, mais sa capacité cérébrale : elle est tellement petite qu'elle indique plutôt une pathologie[5]. Il est difficile d'associer ce squelette au genre *Homo*. Il est admis que les tout premiers hommes possédaient une capacité crânienne de 700 centimètres cubes et, en l'occurrence, 380 centimètres cubes, cela me paraît vraiment trop

* Cf. lexique p. 153

faible. Même des hommes atteints de maladie ont un cerveau plus grand. Je pense qu'à ce stade des connaissances, il est difficile de le ranger dans une nouvelle espèce. Concernant l'homme de la Solo, qui vivait en Indonésie il y a encore 85 000 ans, je pense que c'est un *Homo erectus* qui a, lui aussi, évolué de façon un peu différente à cause d'une isolation géographique. De façon générale, tant qu'aucune étude génétique ne prouvera le contraire, je préfère rester prudent quant à la définition d'une nouvelle espèce.

Propos recueillis par Anna Musso

Chapitre VIII

GROTTES, TENTES ET HUTTES

Laurence BOURGUIGNON

Abandonnera-t-on un jour l'appellation d'« hommes des cavernes » pour désigner les populations du Paléolithique ? Il est vrai que les premiers restes de Neandertal comme de Cro-Magnon*, et les premières traces de leurs activités, ont été reconnus dans des grottes et dans des abris sous roche. Ces populations y ont vécu, préparé et consommé du gibier, taillé des outils, enterré leurs morts, et même construit des structures pour s'abriter. Ce n'était toutefois pas leur seul type d'habitat. C'est bien établi pour les hommes modernes du Paléolithique supérieur*, dont on a retrouvé de nombreux campements saisonniers. Les indices sont plus ténus dans le cas de Neandertal, mais les quelques exemples dont nous disposons sont assez convaincants : il possédait tout le savoir-faire nécessaire pour construire des abris lors de ses déplacements.

Grottes et abris sous roche sont plus aisés à repérer dans le paysage que les haltes de plein air des chasseurs du Paléolithique. Lorsqu'ils n'ont pas été détruits par l'érosion ou les activités agricoles, les vestiges de celles-ci sont généralement enfouis sous plusieurs mètres de sédiments. Heureusement, en France et dans plusieurs autres pays européens, une législation sur la sauvegarde du patrimoine

* Cf. lexique p. 153

permet aujourd'hui d'explorer, à la faveur de constructions nouvelles, des contextes jusqu'alors méconnus pour la préhistoire.

Ainsi, la vie nomade de Neandertal sur différents territoires, dans des conditions climatiques parfois très rudes, est désormais largement documentée par la découverte, depuis une vingtaine d'années, de nombreuses haltes spécialisées, datées pour certaines de plus de 300 000 ans. Citons seulement les sites de Soucy dans l'Yonne, de Therdonne, dans l'Oise, ou des Tares en Gironde, spécialisés tous les trois dans le traitement des carcasses animales.

En revanche, les exemples tangibles d'habitations érigées en plein air par Neandertal sont rares, très ténues ou parfois peu crédibles. La non-conservation, après plus de 40 000 ans d'enfouissement, de matériaux comme les végétaux, les peaux, le bois ou encore l'os, qui constituent l'architecture de l'habitat, est la principale raison de cette rareté. Seuls certains environnements, humides, très froids ou très secs, ont permis cette conservation, au moins partielle.

L'exemple le plus connu et le plus prodigieux est la cabane du site de Molodova I, en Ukraine, découvert en 1920 et fouillé de 1950 à 1980[1]. Il y a environ 44 000 ans, les néandertaliens ont construit là un abri à l'aide d'ossements de mammouths : 12 crânes, 15 défenses, 34 omoplates et cinq mâchoires. La structure couvrait un ovale approximatif de 6 mètres sur 8 environ. Quinze foyers ont été découverts sur le sol d'occupation à l'intérieur et à l'extérieur de la hutte. La reconstitution proposée par les fouilleurs permet d'apprécier la complexité de cette structure.

En Europe occidentale, et plus particulièrement en France, on ne connaissait jusque récemment qu'un seul autre exemple d'abri néandertalien : le site de Terra Amata, découvert à Nice dans les années 1960 à la faveur de l'une des premières fouilles préventives. À l'occasion de plusieurs haltes saisonnières brèves et répétées, il y a environ 380 000 ans, des ancêtres de Neandertal auraient creusé des foyers dans la dune et appuyé des branchages pare-vent sur les plus gros rochers de la plage.

Nous avons donc eu particulièrement de la chance quand, en 2000, à Poitiers, au lieu-dit La Folie, un gisement moustérien* nous a livré les vestiges concrets d'une structure d'habitat[2]. Avec une équipe d'une dizaine de préhistoriens de l'Inrap, nous avons mis au jour, sur les berges du Clain, les restes d'un abri artificiel de plan circulaire d'environ 10 mètres de diamètre qui avait protégé des vents froids dominants et des prédateurs un petit groupe de néandertaliens.

Ces derniers avaient sélectionné dans les dépôts de pente des blocs de calcaire de 2 à 10 kilogrammes, puis les avaient utilisés pour caler des pieux en bois plus ou moins profondément enfoncés dans le sol. La nature du sédiment, différente à l'extérieur et à l'intérieur des trous, ainsi que la présence de résidus organiques dans ceux-ci nous ont permis de reconstituer la présence de ces poteaux. Ces trous de poteaux avec calage maintenaient ce que nous avons interprété comme un « coupe-vent », sans toit. En effet, si cette structure avait été couverte, ses dimensions auraient posé un problème non négligeable de charpente. Elles auraient nécessité l'emploi de perches d'une longueur importante, supérieure à 6 mètres, et très certainement d'un poteau central pour le maintien. Or, la fouille n'a révélé aucune trace d'un tel pilier. De plus, les analyses des pollens préservés dans les sédiments indiquent que l'environnement était formé d'espaces ouverts et ne contenait vraisemblablement pas de grands arbres susceptibles de fournir une telle charpente.

La vallée du Clain devait à l'époque constituer un couloir migratoire pour les troupeaux. Les ossements n'ont pas été conservés et nous ne savons pas quels animaux ont

* Cf. lexique p. 153

été chassés par ce groupe de Neandertal. Nous sommes toutefois certains qu'ils en ont consommé, ainsi que des végétaux : observés au microscope, les traces et les types d'usure sur les tranchants retouchés ou très coupants des outils en silex en témoignent. Les mêmes analyses révèlent des activités de traitement de la peau et du bois, dans la zone centrale de l'abri ainsi qu'à l'extérieur, sur ses pourtours immédiats.

L'analyse minéralogique des outils en silex révèle aussi qu'ils avaient été en partie apportés depuis des zones éloignées de plus de 40 kilomètres. D'autres ont été fabriqués sur place, avec des rognons locaux : nous avons retrouvé plusieurs petits postes de taille à l'intérieur de l'abri.

Une cuvette empierrée peu profonde située à l'entrée et du sédiment rougi par le feu sont les traces d'un foyer. La distribution des vestiges autour de celui-ci ressemble à ce que l'on trouve sur divers gisements paléolithiques, qu'il s'agisse du Paléolithique inférieur* (Port-Pignot et la Roche-Gelatan, dans la Manche), du Paléolithique moyen* (Saint-Germain-des-Vaux, également dans la Manche) ou encore du Paléolithique supérieur* (Pincevent, en Seine-et-Marne)[3]. Source de chaleur et de lumière, le foyer constitue en effet un des espaces privilégiés de l'unité domestique préhistorique, et concentre autour de lui de nombreuses activités : cuisson des aliments, consommation, mais aussi fabrication d'outils ou traitement de différents matériaux.

Au fond de l'abri en bordure interne, les analyses micromorphologiques réalisées sur plusieurs échantillons de sédiments ont révélé une accumulation importante de végétaux, plus ou moins visibles à la fouille sous forme de taches noires. Comme aucun autre type de vestiges n'a été découvert dans ce secteur, ces accumulations pourraient matérialiser une litière.

* Cf. lexique p. 153

Ce coupe-vent semble donc avoir abrité un petit groupe de néandertaliens lors d'une étape de leur déplacement en groupe au sein d'un territoire vaste et diversifié, il y a environ 75 000 ans. Cette « cellule familiale » faisait-elle partie d'un campement plus vaste ? Nous n'avons pas pu, et c'est bien dommage, en vérifier l'existence. La découverte avait été réalisée dans le cadre d'une fouille préventive sur l'emprise d'une station d'épuration. Or, un seul des bâtiments nécessitait un creusement atteignant le niveau archéologique. Nous avons déjà eu la chance que la surface totale de l'abri se situe presque au centre de celui-ci ! Les autres bâtiments ne menaçant pas directement les vestiges préhistoriques, ils ont été construits pardessus, sans autre évaluation, comme la loi le prescrit.

Déterminer à quel type d'habitat nous avons affaire (mobile ou non) est important pour la connaissance du comportement économique et culturel de ces groupes. L'occupation de ces habitats de plein air, à Molodova, Terra Amata ou La Folie, a été courte dans le temps, probablement de simples étapes sur des parcours annuels. Dans ces déplacements, les néandertaliens transportaient-ils les structures, ou les abandonnaient-ils pour en reconstruire d'entièrement nouvelles à l'étape suivante ?

Les exemples ethnologiques de populations nomades ou semi-nomades sont d'une aide précieuse pour les préhistoriens confrontés à ces questions. Combinant légèreté, souplesse et mobilité, les habitations nomades répondent à des impératifs environnementaux, mais aussi et surtout aux exigences symboliques et sociales du groupe.

D'un point de vue technique, les structures d'habitat mobiles des groupes nomades ou semi-nomades du passé proche présentent souvent des surfaces circulaires (cylindre, cône, coupole...), formes qui dévient le vent sans lui faire obstacle. On distingue deux catégories principales de structures : les tentes et les huttes. Les premières sont des abris mobiles et démontables, formés de perches et de poteaux généralement en bois soutenant un revêtement de tissus, de peaux, de nattes, etc. La tente n'est pas un simple abri. C'est une surface complexe qui, en conditionnant les mouvements d'air chaud et d'air froid, crée des conditions de confort propices à l'habitat, et est aussi un refuge. Les huttes, quant à elles, sont des abris simples et rapides à construire à l'aide de matériaux trouvés dans l'environnement immédiat. Elles sont en général montées à chaque étape puis abandonnées après utilisation. On regroupe dans la même catégorie les écrans ou les coupe-vent. À la différence des tentes, les huttes ne sont pas déplacées. Le seul véritable critère de distinction entre une hutte et une tente n'est donc pas le matériau ni la forme, mais la mobilité.

Pour les trois exemples d'habitat néandertalien de plein air dont nous avons parlé, il semble que nous soyons dans des systèmes de construction de plan circulaire de type hutte, utilisant pour l'armature des matériaux présents lors de l'arrivée des hommes, et qu'ils n'emportaient pas avec eux. Ces matériaux pouvaient donc varier au cours de leurs déplacements, y compris pour le revêtement de l'armature. Celui-ci pouvait être réalisé en tous types de matériaux organiques (l'écorce, l'herbe et les feuilles sous forme de chaume ou de natte, les branchages, la peau, la terre, la neige), éventuellement combinés les uns avec les autres. Seule la peau était peut-être, dans certains cas, récupérée au moment du départ, les autres matériaux se décomposant sur place au cours du temps.

Lorsque les vestiges sont trop fugaces pour restituer le type exact de construction, nous ne pouvons appréhender que l'organisation des activités menées au sein d'un espace. Ces activités nous permettent d'obtenir des informations précieuses sur l'organisation économique des groupes de chasseurs-cueilleurs néandertaliens au sein d'un territoire parfois très vaste. Des haltes de chasse, des résidences saisonnières, des sites intermédiaires réservés à la préparation des chasses collectives voire à la préparation, au conditionnement et à la consommation de denrées alimentaires sont désormais clairement admis. Et même si elles ne sont pas conservées, des structures abritant les populations lors de leurs déplacements existaient. Les quelques témoignages qui nous sont parvenus montrent que leurs techniques de construction étaient très perfectionnées.

Chapitre IX

DE TALENTUEUX TAILLEURS DE PIERRE

Vincent Mourre

« Martin dit avoir la preuve que certaines pièces en silex n'étaient détachées qu'après la taille, on les préparait, on les dégrossissait sur le nucleus même, avant de les en séparer. » C'est ainsi que s'exprimait J. Reboux en 1867, quelques années seulement après la découverte des fossiles de Neandertal. À elle seule, cette petite phrase traduit l'intérêt précoce des préhistoriens pour les méthodes de taille paléolithiques[1]. Elle porte également en filigrane ce qu'un siècle et demi d'études et d'analyses ont permis de confirmer et de préciser : les objets en pierre taillés par les Neandertal démontrent leurs capacités d'abstraction et d'anticipation.

Les « pièces en silex » dont parlent MM. Martin et Reboux ont été trouvées dans les graviers de la Seine, à Levallois-Perret. Elles sont si nombreuses et si caractéristiques que, peu de temps après leur découverte, on commença à parler de « type Levallois » puis de « débitage Levallois ». Nos précurseurs ont effectivement identifié, et assez correctement interprété, une méthode de débitage, c'est-à-dire une suite organisée d'opérations visant à détacher par percussion des éclats aux dépens d'un bloc de roche appelé « nucléus ». Les éclats sont ici les produits recherchés, le nucléus n'étant qu'un sous-produit. L'éclat qui servira d'outil n'est pas obtenu par façonnage progressif d'un bloc, il est détaché d'un seul coup de percuteur d'un nucléus préparé.

La méthode Levallois n'est pas la seule mise en œuvre par les Néandertaliens mais elle a ceci de particulier qu'elle fait intervenir un degré élevé de prédétermination : le tailleur détermine précisément la forme et les dimensions d'un éclat avant de le détacher, par une préparation soigneuse du nucléus faisant intervenir une série d'enlèvements préalables. Il s'agit de prévoir les caractéristiques de l'objet recherché. Mais pas seulement. Encore faut-il créer les conditions pour que celles-ci soient obtenues, lors d'un ultime coup de percuteur, par un enlèvement venant recouper la surface préparée du nucléus.

Différentes variantes du débitage Levallois existent, qui résultent d'une lente évolution perceptible dès l'Acheuléen*. À cette époque, les hommes façonnaient des bifaces. Ils enlevaient les éclats les uns après les autres jusqu'à atteindre la forme de l'outil fini. Ils fabriquaient également des hachereaux, des outils réalisés sur de grands éclats comportant un large tranchant prédéterminé selon les mêmes principes que les éclats Levallois. Ces objets traduisent une complexité croissante et une maîtrise de plus en plus élevée de la prédétermination[2].

Vers 300 000 ans, le débitage Levallois se généralise sur le Vieux Continent. Cette innovation marque le début du Paléolithique moyen, dominé par l'industrie du Moustérien. Avec elle, l'outillage sur éclat prend une importance sans précédent. Les éclats fins et réguliers issus des nucléus Levallois offrent des tranchants aigus pouvant avantageusement être utilisés tels quels, pour le dépeçage et la découpe du gibier.

Point important : les éclats prédéterminés, comme ceux issus de la préparation des nucléus, ont été à leur tour fréquemment retouchés, transformés par de petits enlèvements sur un ou plusieurs de leurs bords. Les techniques de percussion employées étaient d'une grande diversité : percussion directe, avec un percuteur dur de pierre, d'un nucléus tenu dans la main ou posé sur une enclume pour

* Cf. lexique p. 153

produire des éclats ; percussion avec un percuteur tendre (bois végétal, bois de cervidé) pour façonner une pièce bifaciale en détachant des éclats fins et couvrants (voir l'encadré « Bifaces moustériens » ci-dessous) ; retouche à l'aide d'esquilles osseuses.

Bifaces moustériens

L'outillage de Neandertal n'était pas exclusivement composé d'éclats retouchés. Il comportait aussi des bifaces façonnés. Comme ses prédécesseurs, il a sculpté des blocs en détachant progressivement des éclats sur les deux faces jusqu'à obtenir un outil plus ou moins symétrique, au tranchant régulier et affilé. Les bifaces moustériens sont plus complexes et plus réguliers que ceux de l'Acheuléen. La partie active est limitée à un bord, voire à une petite portion de leur périphérie. Cette partie est travaillée de manière plus soignée que le reste de l'outil et présente souvent une section plano-convexe. De tels outils étaient vraisemblablement utilisés emmanchés. L'étude des traces d'usure, en cours, devrait le confirmer.

Le site moustérien particulièrement bien conservé de la Grotte du Noisetier, à Fréchet-Aure, dans les Hautes-Pyrénées, a livré un biface d'une dizaine de centimètres de long ainsi que quelques éclats du même matériau. Les éclats ont été rapprochés du biface dont ils avaient été détachés, comme s'il s'agissait d'un puzzle à trois dimensions. La carte de répartition des vestiges au sol et le remontage nous livrent un instantané de la vie quotidienne des Néandertaliens : au cours d'une expédition de chasse au bouquetin, installé près du feu, l'un des membres du groupe a retaillé le bord de son biface pour lui redonner du tranchant et prolonger son utilisation. Au-delà de l'anecdote, cette découverte devrait apporter des informations sur la production et l'entretien des outils, mais aussi sur leur fonction. Les analyses sont en cours.

Les outils obtenus sont divers : pointes, racloirs, denticulés*. Ces termes, essentiellement descriptifs, sont issus d'une longue tradition typologique et ne renvoient pas directement à la fonction réelle des outils : s'ils présentent tous au moins un long tranchant à retouche continue, les racloirs n'ont pas tous servi à racler.

C'est l'étude des traces d'usure qui révèle la grande diversité des usages de ces outils. Ils servaient pour découper la viande, la peau, mais aussi le bois. Le rôle de ce dernier était sans doute beaucoup plus important que ne le laissent soupçonner les rares vestiges conservés. La présence de traces spécifiques à la surface des objets, ou l'arrêt brusque des indices d'utilisation sur certains tranchants, dévoilent aussi l'importance des emmanchements réalisés en matériaux organiques périssables. Mais seul le « squelette minéral » de l'outillage préhistorique subsiste, pour reprendre une expression du préhistorien français Jacques Tixier.

Le savoir-faire des Néandertaliens en matière de taille se double de bonnes capacités d'adaptation. La taille expérimentale des roches dures a permis aux préhistoriens modernes de se familiariser avec les différents types de matériaux, d'en apprécier les qualités et les contraintes, de mieux caractériser leurs propriétés mécaniques. Grâce à elle, les chercheurs ont, dans certains cas, mis en évidence une « économie des matières premières » : un matériau donné est employé pour certains outils seulement. Par exemple, sur un même site, les bifaces sont tous en basalte, les racloirs en silex. Une « économie du débitage » a aussi été parfois identifiée. Dans ce cas, les éclats issus de certaines phases de la production sont utilisés pour réaliser des outils particuliers. Ainsi, en un même endroit, les denticulés sont faits sur des éclats correspondant au début de la taille, les racloirs sur des éclats Levallois.

Autre preuve de sa grande adaptabilité : où que ce soit, en Europe ou au Proche-Orient, l'Homme de Neandertal

* Cf. lexique p. 153

a su trouver des matériaux pour réaliser les outils dont il avait besoin. Si le silex est le matériau privilégié dans certaines régions, il est loin d'être le seul. En effet, les tailleurs ont su mettre à profit quasiment toutes les ressources minérales dont ils disposaient localement pour réaliser leur outillage[3] : quartz, quartzite, calcaire, chaille, jaspe, basalte, schiste, lydienne*, mais aussi, dans quelques cas exceptionnels, os ou coquillages marins. Le plus souvent, les hommes s'approvisionnaient localement, dans un rayon de cinq à dix kilomètres autour du site. Dans de rares cas cependant, ils ont transporté la matière première sur des distances pouvant atteindre une centaine de kilomètres[4].

Le débitage de lames, qui s'imposera au Paléolithique supérieur*, est certes un progrès technique, mais il ne traduit pas, comme le disent certains, un affranchissement vis-à-vis du milieu. Car ces longs éclats aux nervures et aux bords parallèles, exigent des matières premières de qualité. Ils introduisent donc de nouvelles contraintes d'approvisionnement et impliquent des déplacements spécifiques sur de longues distances, les sources de silex de bonne qualité étant rares et limitées.

S'il convient de se garder de toute idéalisation, il faut aussi mettre un terme aux tentatives persistantes et injustifiées de déshumanisation des Néandertaliens : leur outillage, mais aussi leur savoir-faire et leurs capacités d'adaptation étaient suffisants pour leur permettre de vivre, et pas seulement de survivre, dans des environnements multiples et sous des climats parfois beaucoup plus rigoureux qu'aujourd'hui. Et ce, pendant plus de 250 000 ans. *Homo sapiens* ne peut pas encore en dire autant.

* Cf. lexique p. 153

Chapitre X

ÉTAIT-IL BON CHASSEUR ?

Sandrine COSTAMAGNO

En colonisant l'Europe il y a environ 40 000 ans, les hommes modernes sont venus occuper la même niche écologique que les néandertaliens. Mieux organisés pour la chasse, ou tirant meilleur parti des carcasses des animaux tués, ils auraient alors peu à peu privé ces derniers de ressources alimentaires. L'espèce la mieux adaptée, la nôtre, aurait en définitive supplanté des hommes « archaïques ».

Ce scénario de compétition entre espèces est souvent proposé pour expliquer la disparition de Neandertal. Mais il n'est fondé que sur des préjugés quant aux capacités cognitives de ce dernier ! Aucun fait archéologique ne permet de l'étayer. En réalité, l'analyse des restes animaux retrouvés dans les sites d'habitat ou d'abattage ne permet pas de distinguer les pratiques et les compétences en matière de chasse de Neandertal de celles de ses successeurs[1].

La première question que l'on peut se poser à propos de l'approvisionnement en viande de Neandertal est de savoir s'il chassait. Dans les années 1980, l'Américain Lewis Binford, de l'université Southern Methodist, à Dallas, soutint que non. Selon lui, les néandertaliens étaient surtout des charognards[2]. Incapables de chasser le gros gibier, aurochs, bisons ou chevaux, ils se seraient procuré ces proies en récupérant les carcasses délaissées par les grands carnivores, lions ou hyènes des cavernes.

Ses conclusions, appuyées en partie par Mary Stiner, de l'université d'Arizona, se fondaient principalement sur la nature des os retrouvés sur les sites[3]. En effet, après avoir abattu un animal, un chasseur n'en transporte généralement que certains morceaux dans son habitat. S'il a chassé pour se nourrir, il préfère rapporter les parties supérieures des membres, les plus riches en viande et en moelle osseuse, donc les plus nutritives. Ainsi, théoriquement, si les carcasses ne sont pas transportées entières, on doit observer une surabondance de ces éléments dans les camps résidentiels. Sur les sites d'abattage, en revanche, les restes généralement abandonnés sont les moins intéressants du point de vue alimentaire, à savoir les crânes et les extrémités des pattes.

Or, remarquait Binford, sur de nombreux sites d'habitat moustériens*, les restes majoritaires de grands herbivores sont les crânes et les extrémités des pattes. Cette abondance des parties les plus pauvres indiquait donc que les néandertaliens n'accédaient aux carcasses qu'après les carnivores. Ces derniers consommaient les parties les plus riches, laissant les morceaux maigres aux charognards. L'abondance des traces de dents de carnivores relevées sur les ossements confortait cette hypothèse.

Toutefois, dans les années 1990, Curtis Marean, de l'université Stony Brooks à New York, remit en cause ces interprétations[4]. Il remarqua d'abord que les carnivores actuels consomment prioritairement les extrémités articulaires des os longs riches en graisse. La destruction de ces parties leur permet également d'accéder à la moelle dans les cavités médullaires. Les extrémités de ces os ont donc de fortes chances d'être détruites si des carnivores y ont accès à un moment ou à un autre. Or, précisément, dans toutes les études citées par Binford et ses supporters, l'estimation du nombre d'os longs reposait sur le comptage des extrémités articulaires. En comptant plutôt leur partie

* Cf. lexique p. 153

médiane, Curtis Marean a alors montré que les os longs supérieurs des membres, c'est-à-dire les os riches en viande et en moelle, étaient majoritaires dans des ensembles osseux constitués par l'alimentation des néandertaliens, et pour lesquels le charognage avait été jusqu'à présent évoqué.

Il fallait donc inverser le scénario. Dans ces sites d'habitat, les chasseurs néandertaliens avaient rapporté les parties les plus nutritives des animaux. Les carnivores n'étaient venus qu'ensuite, après l'abandon des campements. Les charognards n'étaient pas ceux que l'on pensait.

De façon générale, les études menées sur de nombreux gisements moustériens depuis une quinzaine d'années confirment que les néandertaliens se nourrissaient principalement du produit de leur chasse. Cela ne les empêchait évidemment pas, à l'occasion, de compléter leur ordinaire en récupérant la carcasse d'un animal tué par des carnivores, comme on l'observe encore aujourd'hui pour certains groupes de chasseurs-cueilleurs.

Une alimentation carnée

Les vestiges osseux recueillis sur de nombreux sites moustériens témoignent fréquemment d'une intense exploitation alimentaire des ressources animales par les néandertaliens. Mais les restes de végétaux se conservent mal et l'on ne peut pas évaluer directement la part réelle des ressources carnées au sein du régime alimentaire. L'observation de groupes de chasseurs-collecteurs actuels ou subactuels révèle que, sous les hautes latitudes, en raison de la durée limitée de la saison végétative des plantes, mais également en raison de besoins énergétiques importants liés à la rudesse du climat, la viande et surtout la graisse constituent la base de l'alimentation. Même pour des groupes vivant sous des latitudes plus basses, les animaux fournissent, dans la majorité des cas, une part largement supérieure à celle fournie par les plantes.

Par ailleurs, les analyses isotopiques* menées sur des ossements de néandertaliens témoignent d'un régime alimentaire essentiellement carné, proche de celui des grands carnivores. Ainsi tout porte à croire que l'alimentation de l'homme de Neandertal était largement dépendante des ressources animales.

Neandertal était donc un chasseur, personne ne le discute plus. Il n'empêche : pour de nombreux préhistoriens anglo-saxons, tel Paul Mellars de l'université de Cambridge, ses stratégies de chasse étaient nettement moins perfectionnées que celles des hommes modernes. Ces derniers lui seraient supérieurs en termes d'organisation collective et de planification[5]. En particulier, les hommes modernes du Paléolithique supérieur* auraient pratiqué des chasses spécialisées, choisissant d'abattre seulement certaines espèces, ce dont Neandertal aurait été incapable. Des exemples de ce type de chasse spécialisée ont ainsi été proposés pour des sites du Magdalénien*, il y a entre 17 000 et 12 000 ans. Les préhistoriens se fondent pour cela sur la fréquence très élevée d'une espèce donnée par rapport aux autres dans les restes osseux retrouvés.

Toutefois, si on s'en tient à ce seul critère, de nombreux gisements moustériens, tels que La Borde, Coudoulous I, Jonzac, Mauran, Les Pradelles en France, Salzgitter Lebenstedt et Wallertheim en Allemagne ou bien encore Il'Skaya I dans le Caucase, témoignent eux aussi de chasses très spécialisées[6]. D'un point de vue strictement quantitatif, la diversité des espèces représentées sur certains de ces sites est même moins grande que sur des sites magdaléniens pyrénéens, interprétés par certains comme des sites de chasse spécialisée au renne ou au bouquetin.

* Cf. lexique p. 153

Lorsqu'il s'agit de sites du Paléolithique supérieur, résultant d'activités de l'homme moderne, cette spécialisation est interprétée comme un choix volontaire des chasseurs envers un gibier particulier. Pourquoi faudrait-il supposer que, sur les sites moustériens, les mêmes faits archéologiques résulteraient de la faible diversité des ressources disponibles aux alentours ? À partir des ensembles osseux archéologiques, il est en réalité impossible de différencier une spécialisation délibérée d'une spécialisation contrainte. Seul l'examen d'assemblages fauniques d'origine naturelle au voisinage des sites, ou une évaluation de la composition des faunes en fonction de données climatiques relatives aux différentes périodes peut apporter des éléments de réponse.

Autre infériorité supposée des néandertaliens, ils n'auraient pas, contrairement à leurs successeurs modernes, pratiqué de grandes chasses collectives. La prépondérance du renne, en particulier, sur de nombreux gisements magdaléniens est souvent considérée comme résultant de telles pratiques. Le grand nombre de carcasses présentes sur ces gisements témoignerait de l'abattage en masse de troupeaux au cours d'un même épisode de chasse, ce qui aurait nécessité la participation simultanée d'un grand nombre d'individus. La masse de viande ainsi disponible aurait permis, par ailleurs, une consommation différée des ressources alimentaires.

Pour le Paléolithique, l'existence de ce type de chasse est particulièrement difficile à mettre en évidence, et le nombre d'animaux ne peut, et ne doit pas, être le seul critère à prendre en compte. L'étude archéozoologique doit préciser non seulement quelles espèces ont été abattues et en quelles proportions, mais aussi le sexe et l'âge des animaux tués, ainsi que la saison de la chasse. Il est également indispensable d'identifier les parties des animaux qui ont été apportées sur le site, et quel traitement elles ont subi : décarnisation, fracturation des ossements, etc.

Lorsque l'on prend en compte tous ces éléments, il faut bien se rendre à l'évidence : on ne peut affirmer avec certitude que de telles chasses collectives aient eu lieu sur aucun site magdalénien du Sud de la France, dominé par le renne[7]. Le site moustérien des Pradelles, dans lequel on retrouve essentiellement des ossements provenant de cette espèce, pourrait en revanche témoigner de la mise en œuvre de telles pratiques de la part des néandertaliens. En effet, les analyses menées sur ce gisement laissent à supposer des occupations temporaires de courte durée, durant lesquelles un nombre important de rennes ont été abattus.

Par ailleurs, les études ethnologiques montrent que les chasses collectives sont organisées pour faire face à des besoins particuliers, comme le stockage de la viande pour l'hiver ou bien encore le réapprovisionnement en peau. Aux Pradelles, le degré d'usure des restes dentaires des faons semble indiquer que la chasse y était pratiquée à l'automne. Or, c'est la période la plus propice au déroulement des grandes chasses collectives. En effet, les rennes regroupés en larges hardes sont riches en graisse : ils peuvent être abattus en masse et le surplus de viande ainsi obtenu peut être stocké pour l'hiver à venir. Dans le cadre de ces chasses, en raison de la masse de viande disponible, les parties les moins riches des carcasses étaient généralement abandonnées sur les sites d'abattage. Aux Pradelles, le transport préférentiel des parties les plus grasses va bien dans le sens de l'hypothèse d'un abattage en masse des rennes.

Était-il cannibale ?

En 1906, Dragutin Gorjanovic-Kramberger présenta ses analyses des restes d'au moins quatorze individus néandertaliens, découverts dans la grotte de Krapina en Croatie. La fracturation des os et les traces de découpe qu'ils portaient étaient, selon lui, des preuves de cannibalisme. Cette annonce déclencha de vifs débats, d'autres préhistoriens préférant voir là le résultat de traitements funéraires des cadavres. Aujourd'hui, bien que les ossements n'aient jamais été intégralement réétudiés, une majorité de chercheurs s'accordent pour penser qu'il avait raison[8].

Le caractère sulfureux, tabou, du cannibalisme dans notre société entraîne des débats passionnés et polémiques sur son existence. Pourtant, même si certains auteurs, comme W. Arens, sont allés jusqu'à en nier totalement l'existence, suffisamment de données ethnographiques et historiques sont là pour l'attester. Pour la préhistoire, la démonstration est plus difficile, car les preuves sont indirectes : il faut démontrer que des cadavres humains ont fait l'objet d'un traitement identique à celui observé pour les animaux de boucherie.

Toutefois, les quelques cas complètement étudiés et dont les données sont accessibles ne font l'objet d'aucune contestation, même de la part des préhistoriens les plus réticents. Ainsi, les cinq adultes et trois enfants retrouvés mélangés à des os d'animaux dans la grotte des Perrats, à Agris, en Charente, ont-ils sans aucun doute été consommés par d'autres hommes environ 7 000 ans av. J.-C.[9] De même pour les quatre adultes et quatre enfants dont les restes ont été déposés dans la grotte de Fontbrégoua à Salernes, dans le Var, dans la première moitié du Ve millénaire av. J.-C.[10]

Chez Neandertal, le cannibalisme n'est pas à ce jour formellement démontré. En plus de Krapina, il est toutefois évoqué sur la base d'arguments convaincants dans une demi-douzaine de sites. On peut citer le gisement de l'abri Moula-Guercy, en Ardèche, qui a livré, dans les années 1990, 78 fragments humains correspondant à au moins six sujets et dont l'étude est encore en cours[11]. Le site de Marillac / Les Pradelles, en Charente, en cours de fouille, fournit quant à lui de nombreux ossements humains fracturés et découpés, qui évoquent aussi des pratiques cannibales.

Quelles étaient les motivations de Neandertal ? Dévorait-il ses parents morts pour perpétuer leur esprit, ou des ennemis pour se venger d'eux ou s'approprier leur force ? Ou, plus simplement, pratiquait-il un cannibalisme de nécessité lors des périodes de disette ? Il est évidemment impossible de répondre, et sans doute la réponse varierait-elle selon les cas.

Mais si le cannibalisme était avéré dans tous les sites où il est suspecté, nous serions au moins certains qu'il ne s'agit pas de simples « faits divers ».

Bruno Boulestin

Enfin, il y a sur le site des Pradelles de fortes probabilités pour une consommation différée de certains morceaux, voire pour le stockage de viande pour l'hiver. À Pincevent, gisement magdalénien du Bassin parisien, le stockage de viande a été proposé pour expliquer l'abondance des stries de décharnement et la sous-représentation des côtes[12]. Or, on retrouve ces deux caractéristiques aux Pradelles. Certes, la sous-représentation des côtes pourrait être liée à leur destruction, ou à leur abandon sur le site d'abattage. Les ossements pourraient aussi avoir été décharnés dans le seul but d'être fracturés pour récupérer la moelle. Cependant, encore une fois, les données sont tellement similaires que si l'on accepte l'hypothèse de stockage de viande à Pincevent, il n'y a pas de raison de la rejeter aux Pradelles.

Nous avons donc toutes les raisons de penser qu'aux Pradelles, comme à Pincevent, les rennes ont été abattus en masse lors de chasses collectives menées durant les migrations d'automne. Ces chasses auraient été destinées à la constitution de réserves alimentaires pour l'hiver. Cette hypothèse peut paraître mal étayée mais, à l'exception de certains sites du Bassin parisien, l'hypothèse d'un abattage en masse des rennes au Magdalénien lors de chasses collectives repose sur une convergence de faits moins nombreux que ceux mis en évidence sur le site des Pradelles. Pourquoi ne pas s'autoriser, sous prétexte que les chasseurs étaient néandertaliens, des conclusions qui apparaissent comme des évidences lorsqu'il s'agit d'hommes modernes du Paléolithique supérieur ?

« Un apport précieux dans l'alimentation »

Entretien avec David Cochard

Comment expliquer que l'on évoque souvent la chasse au bison, au cheval ou au renne, mais que l'on ne parle que rarement de la chasse au lapin ou aux oiseaux ?

David Cochard : Il est vrai que les archéologues s'intéressent davantage aux grands gibiers. Non pas parce que l'on trouve peu d'ossements des petits animaux, au contraire, mais parce que l'on suppose *a priori* que ces derniers ne représentaient qu'une part mineure dans l'alimentation de Neandertal. Mais depuis quelques années, l'intérêt pour le petit gibier va grandissant. Nous savons maintenant que Neandertal mangeait du lapin, des oiseaux de mer, du saumon ou de la tortue. Il ne s'agit pas nécessairement d'une réelle chasse : toutes ces espèces pouvaient être ramassées à la main. Aussi parle-t-on plus de collecte que de chasse.

Quand cette collecte est-elle apparue et quelle fut son importance ?

Les premières traces datent d'il y a 350 000 ans, avec un grand développement voici 100 000 ans dont on ignore la cause. Il y a beaucoup d'hypothèses. Un changement climatique aurait rendu le petit gibier plus abondant. La pression démographique aurait conduit Neandertal à chasser davantage ; or, de par son abondance, le petit gibier apparaît comme une ressource inépuisable. On sait aussi que les peaux, comme les plumes et les os des animaux, pouvaient servir de matière première pour des activités artisanales : est-ce dans ce but que cette exploitation s'est développée ? À moins encore qu'une nouvelle division du travail soit en cause : on n'a retrouvé aucune preuve de piégeage ni d'un savoir-faire particulier, aussi a-t-on émis l'idée que la collecte des petits animaux relevait seulement des enfants. La seule chose dont on soit sûr est que l'apparition de cette collecte n'est pas liée à un développement cognitif particulier de Neandertal.

Connaît-on mieux maintenant la part du petit gibier dans l'alimentation ?

Non, elle est très difficile à quantifier et les études manquent. Mais il semble ne pas faire de doute que sa part dans l'alimentation a globalement toujours été faible. En effet, le rapport entre l'énergie dépensée pour la chasse et celle apportée par la viande apparaît bien plus favorable pour le gros que pour le petit gibier. Cependant, il est possible que le petit gibier ait constitué l'unique ressource alimentaire durant de courtes périodes de temps.

Propos recueillis par Mathieu Nowak

Chapitre XI

DES GESTES À LA PAROLE

Jacques PELEGRIN

« La parole est une excellente caractéristique du genre homme. Mais en a-t-il toujours été ainsi ? La mandibule de La Naulette vous répond non ! » C'est ainsi que s'exprimait le préhistorien français Gabriel de Mortillet à propos d'un fossile exhumé vers 1865 en Belgique, l'un des tout premiers restes néandertaliens reconnus comme tels.

Même si la plupart des préhistoriens sont aujourd'hui moins catégoriques, le débat reste vif. Bien que l'anatomie de nos lointains cousins soit compatible avec la production d'un langage articulé (voir l'encadré « Que nous dit l'anatomie ? » p. 96), nous ne savons presque rien de la commande cérébrale. En l'absence de preuves fossiles claires, les chercheurs tentent de faire parler leur outillage.

En 1964, le préhistorien français André Leroi-Gourhan* proposa, le premier, l'idée d'une évolution concomitante du langage et des techniques, le langage et la motricité impliquant des aires et des voies cérébrales parallèles[1]. Par la suite, d'autres chercheurs ont avancé l'idée que la transmission de l'art de la taille pouvait impliquer le langage. On imagine sans peine les aînés enseignant aux plus jeunes ce qu'il faut faire et comment. Toutefois, même si, une fois acquis, le langage a certainement participé à

* Cf. lexique p. 153

l'éducation technique des jeunes, il n'est pas indispensable à la transmission des connaissances ni au savoir-faire, qui renvoie à l'expérience pratique personnelle[2]. Des amateurs, dont certains sont devenus préhistoriens, ont en effet appris à reproduire des outils de pierre néandertaliens sans aîné à copier ni manuel à consulter.

Aujourd'hui, nous appréhendons plutôt la question du langage de façon indirecte, par l'analyse des éléments cognitifs en jeu au niveau de la pensée et du raisonnement technique. Il s'agit d'identifier dans la taille des roches dures d'éventuelles capacités cognitives pouvant renvoyer à des prérequis du langage.

Les premiers outils connus ont parfois été vus comme le résultat de conduites motrices dénuées de conscience (comme s'il suffisait de frapper deux galets l'un sur l'autre...). Mais depuis 1998 et la découverte par Hélène Roche, du CNRS, du site kenyan de Lokalalei 2C, cette appréciation n'est plus de mise[3].

Sur ce site vieux de 2,3 millions d'années, des hommes ont débité une cinquantaine de blocs ou de grands fragments de roches volcaniques pour en tirer des éclats. Le replacement des éclats sur leur bloc, ou « nucléus », d'origine l'atteste : plusieurs dizaines d'éclats ont parfois été détachés d'un seul et même nucléus, selon un agencement simple, mais adapté à chaque bloc. Surtout, le plan de frappe* de certains nucléus a été rectifié par l'enlèvement d'un petit éclat, après retournement du nucléus et avant que le débitage proprement dit soit poursuivi vers l'autre face. En d'autres termes, l'individu a constaté l'inadéquation du plan de frappe, puis a été capable de remédier à ce défaut par un enlèvement non recherché en tant que tel (il ne s'agit pas d'un produit), mais délibéré et ajusté pour son effet correcteur.

Soulignons aussi l'absence de tout martelage ou de coups « à vide », facilement repérables par l'écrasement

* Cf. lexique p. 153

du matériau sous l'effet de l'impact. Cela témoigne de l'absence de tentative d'enlèvement là où le nucléus ne s'y prête pas et donc de la lucidité des tailleurs aptes à réorienter le nucléus afin de conserver ou de retrouver une configuration adéquate pour détacher l'éclat suivant. Ce contrôle de la taille dénote une certaine « conscience technique » qui dépasse la simple conduite sensorimotrice.

Cette conscience technique s'affine au fil du temps. D'abord les débitages* d'éclats se compliquent progressivement. Ensuite le façonnage*, opération qui permet d'obtenir les premiers bifaces, apparaît en Afrique il y a environ 1,7 million d'années. Ces pièces sont taillées de façon à dégager une pointe et au moins un tranchant latéral. Les éclats, qui ont ici valeur de déchets, sont détachés vers chacune des deux faces. La forme de ces bifaces, longtemps très grossière, se spécifie peu à peu.

Le site d'Isenya, au Kenya, daté d'environ 700 000 ans, a ainsi livré à la même Hélène Roche plusieurs centaines de bifaces[3]. Tous affichent la même forme régulière en amande allongée et symétrique, de face comme de profil. Cette homogénéité démontre que leurs auteurs avaient en tête un modèle, une image de cette forme. Et les multiples enlèvements ont été ajustés de façon à la reproduire. Déjà, il y a trente-cinq ans, le préhistorien français François Bordes* avait estimé que l'on passait durant l'Acheuléen (de 1,6 million d'années, en Afrique de l'Est, à 300 000 ans avant le présent) de stéréotypies dans les gestes à des stéréotypies dans les formes.

Cette forme standardisée des bifaces d'Isenya est délibérée. Sauf à imaginer que nos ancêtres se déplaçaient avec comme modèle un jeu d'ébauches à différents stades d'avancement, elle suppose une image mentale spécifiée, c'est-à-dire un concept précis de « leur » biface. En d'autres termes, les tailleurs étaient capables de « conceptualiser » leurs outils.

* Cf. lexique p. 153

Que nous dit l'anatomie ?

L'aptitude physique au langage articulé a longtemps été controversée. Mais la découverte, en 1983, de l'os hyoïde du squelette néandertalien de Kébara 2, en Israël, a montré qu'il était très proche de celui de l'homme moderne[4]. Ce petit os, qui maintient la base de la langue, est indispensable à l'élocution. L'anatomie osseuse de Neandertal est donc compatible avec la production d'un langage articulé.
Qu'en est-il de la commande cérébrale ? Chez l'homme actuel, l'aire de Broca est associée à la production de la parole chez la grande majorité des droitiers. Mais d'autres aires sont impliquées dans la compréhension, le choix et l'enchaînement des mots ou encore dans le contrôle du flux du discours et dans sa construction logique. Surtout, même si le relief de l'endocrâne est parfois discernable sur le fossile, la capacité et *a fortiori* la fonction effective des régions corticales correspondantes nous échappent. Impossible donc de distinguer une *« aire de Broca plus ou moins développée »* à la seule vue d'un endocrâne fossile et de conclure quant aux capacités langagières. Tout comme il n'y a pas de « bosse des maths », on ne peut voir de « bosse(s) du langage » sur un crâne.
Là non plus, la question du langage de Neandertal ne trouve pas d'argument décisif. Rappelons seulement que la capacité crânienne de Neandertal était au moins égale à la nôtre, et sa structure cérébrale générale similaire, y compris son asymétrie, en fait déjà présente chez les anthropoïdes.

Pour apprécier la portée de tout cela, revenons sur les notions de « percept » et de « concept » chères à la psychologie. Un percept est la capacité de reconnaître une chose présente à nos sens : nous voyons un stylo et nous le reconnaissons en tant que tel. L'animal est tout à fait capable de percepts : le chien reconnaît sa laisse et frétille de la queue au plaisir de la sortie qui s'annonce.

Le concept, lui, renvoie à la capacité d'évoquer une image mentale en l'absence de l'objet. Image sur laquelle nous

Cette « dermoplastie » a été réalisée par l'ajout du volume correspondant aux parties molles aux restes d'un Neandertal retrouvé à la Ferrassie, en Dordogne. Aussi réaliste que possible, il n'en reste pas moins une interprétation artistique. © Philippe Plailly / Eurelios-reconstitution E. Daynes.

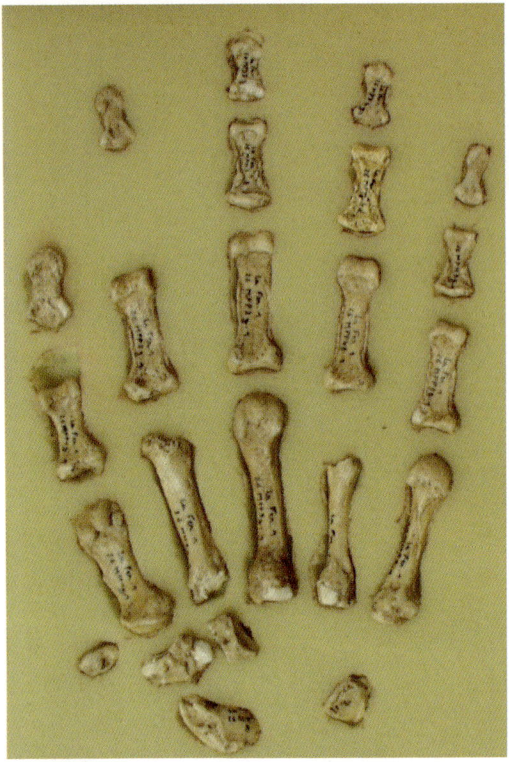

Ces moulages des ossements de la main gauche d'un Neandertal retrouvé à la Ferrassie montrent la robustesse des insertions musculaires (petites crêtes entre les extrémités articulaires) et la morphologie de l'articulation du pouce qui offrait une plus grande possibilité d'extension de ce doigt et permettait donc d'attraper des objets volumineux.
© B. Maureille – Droits réservés.

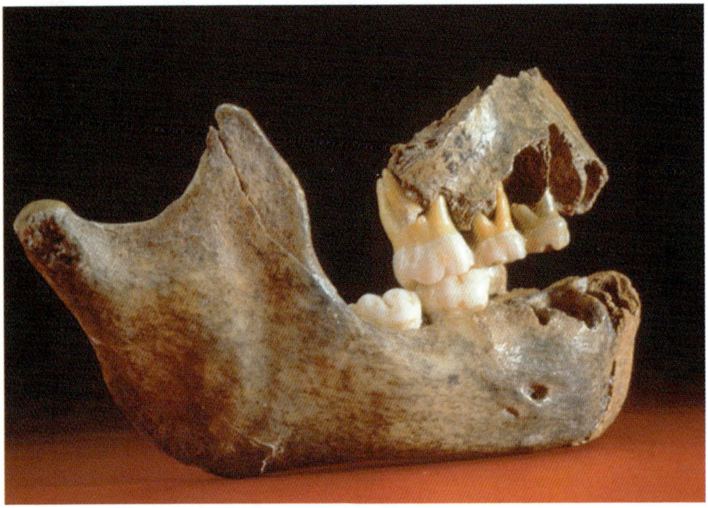

Cette mâchoire, découverte à Sclayn, en Belgique, est datée d'environ 100 000 ans. L'une de ses molaires contenait encore assez d'ADN non dégradé pour que des généticiens puissent en décrypter un fragment. À ce jour, c'est le plus ancien d'origine humaine. © Courtesy of G. Focant MRW / Eurelios.

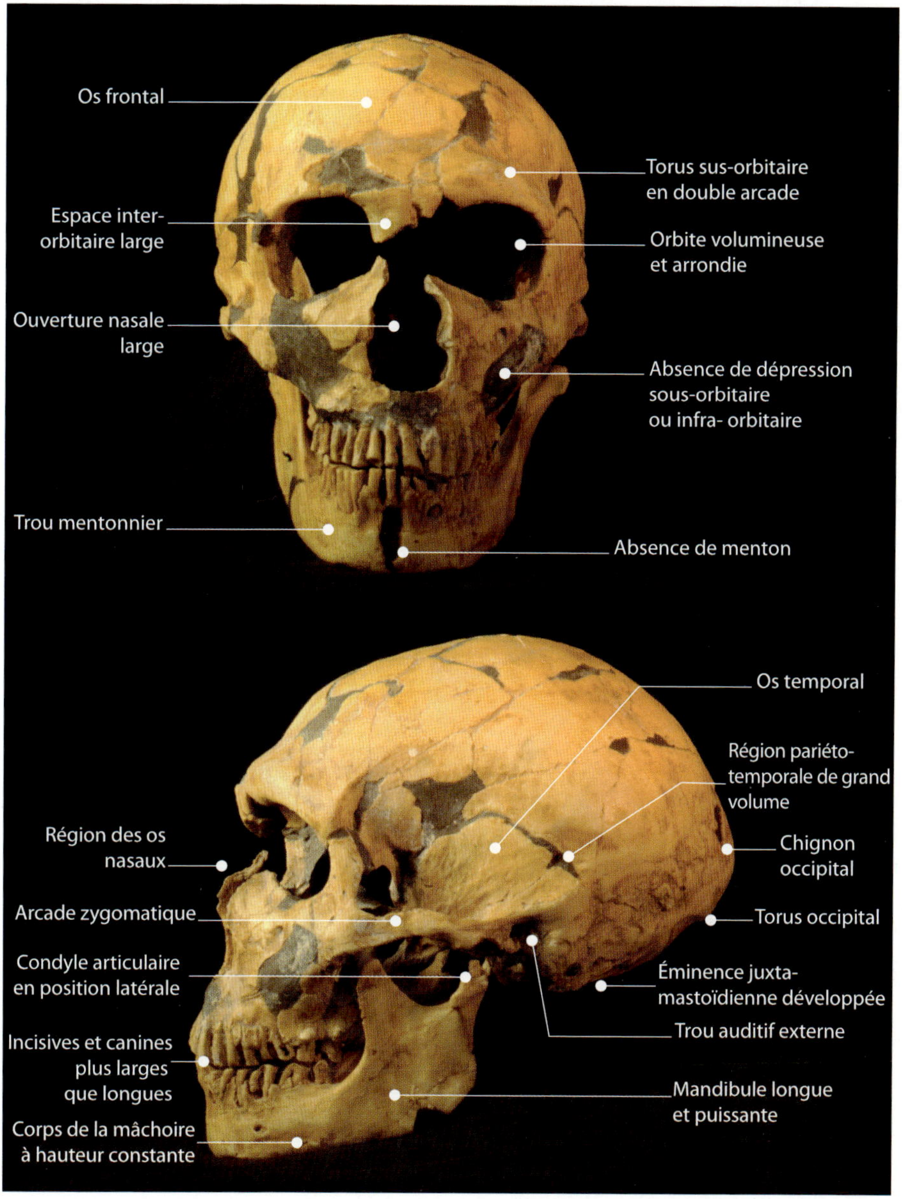

La face de Neandertal (comme celle des autres hominidés non modernes) présente un fort bourrelet osseux (ou torus) au-dessus des orbites, un torus occipital et d'autres reliefs traduisant une robustesse osseuse. © Philippe Plailly / Eurelios.

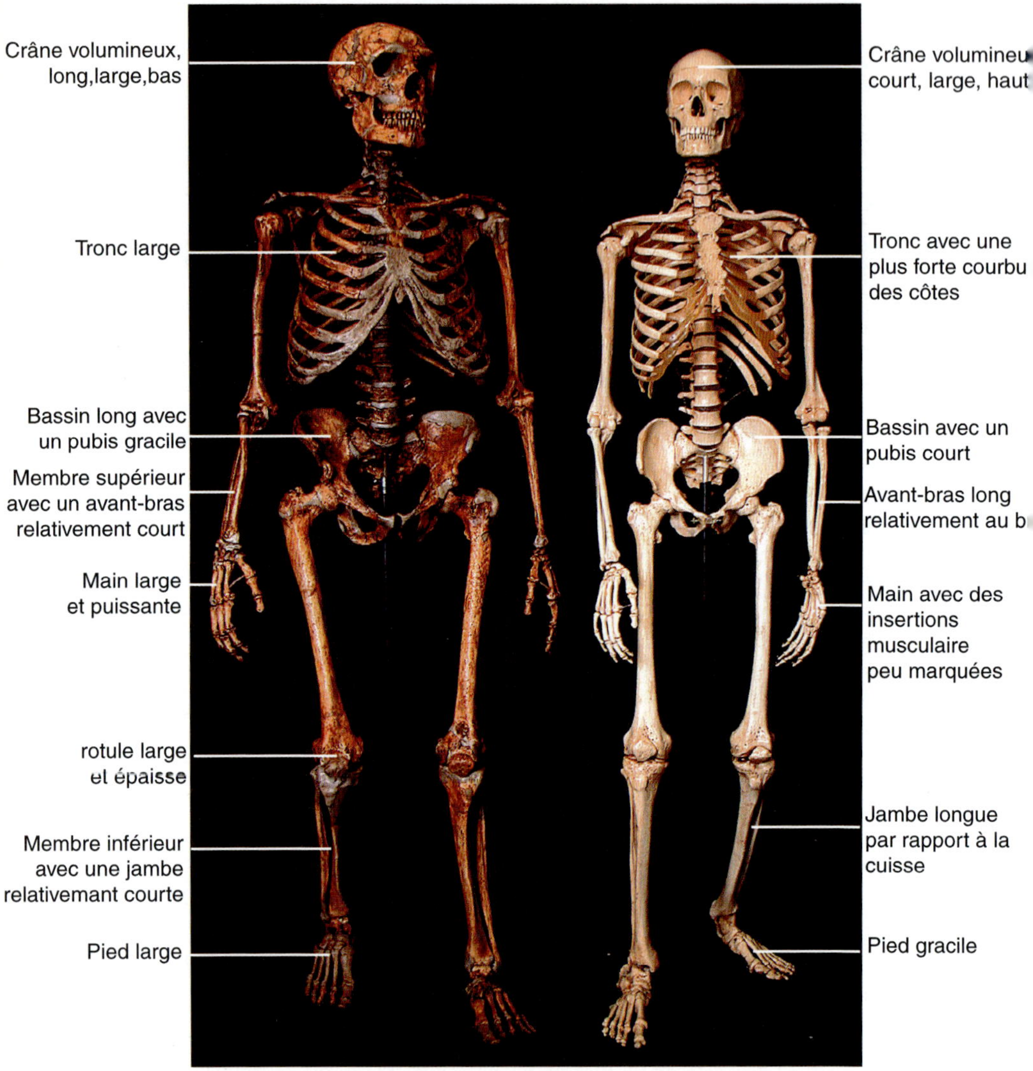

Reconstitution d'un squelette complet (à gauche), réalisée par Gary Sawyer et Blaine Maley à partir de plusieurs individus. On y voit les traits primitifs et dérivés de Neandertal. Le squelette de l'homme actuel (à droite), moins robuste, a une morphologie différente : son bassin et sa cage thoracique sont, par exemple, beaucoup moins développés.

Neandertal se nourrissait surtout de viande. Pour certains chercheurs, ce régime peu varié et pauvre en vitamine aurait pesé sur sa croissance et, au final, lui aurait été fatal. © M. Grenet / Eurelios.

Le coup de froid qui a sévi en Europe il y a environ 30 000 ans aurait poussé hommes et animaux vers les steppes du sud où Neandertal se serait révélé plus mauvais chasseur que ses concurrents modernes. Moins nourrie, la population aurait décliné. © Gilles Tosello / Eurelios.

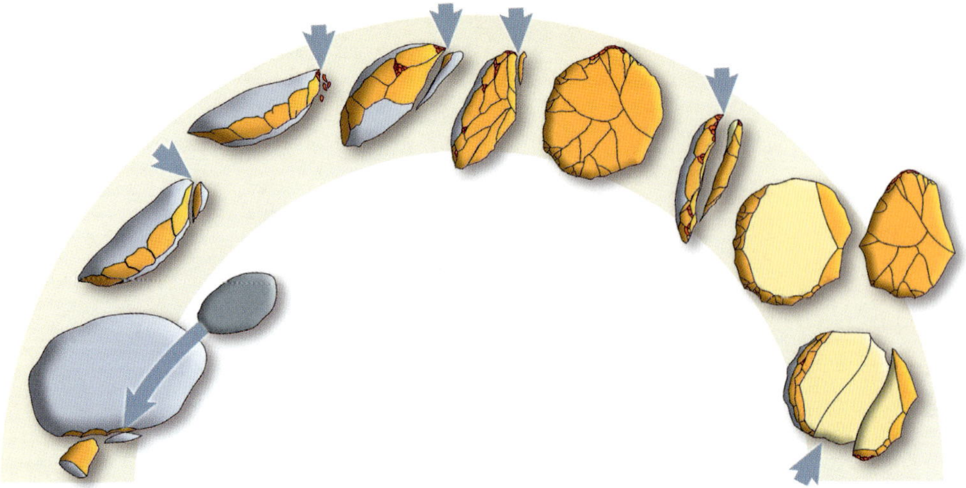

L'objectif du débitage dit « Levallois » est de tailler des éclats offrant des tranchants aigus. Le tailleur planifie la forme et la dimension des éclats ultimes (en bas à droite) en détachant par percussion (flèches) des éclats intermédiaires du nucléus. © Illustration : www.gregcirade.com (d'après J.-P. Lhomme et J.-M. Geneste)

Le débitage Levallois : l'éclat Levallois (à gauche) a été détaché du nucléus (à droite) par un coup planifié à l'avance par le tailleur. Le plan de frappe a en effet été préparé en « chapeau de gendarme » par plusieurs enlèvements de matière. © J. Pelegrin-Droits réservés.

Ce biface acheuléen, découvert à Archigny, dans la Vienne, a plus de 150 000 ans. Le tailleur l'a façonné en enlevant des éclats les uns après les autres. © J. Primault / Eurelios.

Ces lames en silex, vues de face et sur la tranche, font partie des objets caractéristiques de la culture châtelperronienne. © Jean-Guillaume Bordes – Droits réservés.

Ces huttes en peaux et en branchages, ressemblent probablement à celles qu'érigeait Neandertal pour se protéger des vents froids et des prédateurs. © Pascale Galibert / INRAP.

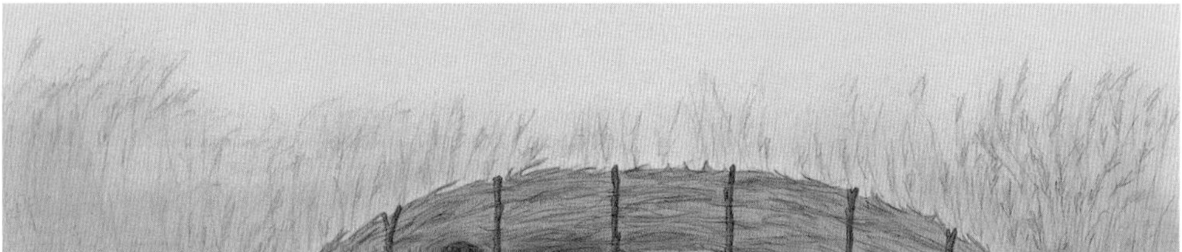

À la Folie, dans la Vienne, Neandertal avait érigé un coupe-vent de ce type, d'environ 10 mètres de diamètre, où s'organisaient les activités quotidiennes. © Pascale Galibert / INRAP.

pouvons formuler des commentaires et même imaginer et décrire des actions. Lorsque nous pensons à une orange, nous la voyons mentalement. Nous pouvons la décrire et même mimer la façon dont nous la pelons et comment notre voisin s'y prend. Les animaux sont-ils capables de telles conceptualisations opératoires ? Il semble que non[5] (voir l'encadré « Communication animale et langage humain » ci-dessous).

Communication animale et langage humain

Dans la nature, mammifères et oiseaux signalent souvent un événement ou leur état mental présent en émettant des vocalisations. Un chien aboie si l'on pénètre sur ce qu'il considère comme son territoire. Les chimpanzés en déplacement dispersé dans la forêt se signalent les uns aux autres par des *« hou hou »* et parfois même en tambourinant sur des troncs d'arbre. Le plus souvent, les signaux émis sont de simples réflexes instinctifs qui déclenchent une réaction ou un comportement tout aussi instinctif de la part des autres animaux[6]. Le langage humain est beaucoup plus complexe : un jeu limité de phonèmes (voyelles et consonnes, agencées en syllabes) est combiné en une multitude de mots que tout locuteur d'une langue donnée reconnaît comme différents. Ces mots renvoient à des objets, des notions, des actions, des nombres, etc., dont le sens, à l'exception de quelques onomatopées, n'a rien à voir avec les sons produits. C'est l'*« arbitrarité »* du langage, ou plutôt des langues, dont l'extrême diversité est ainsi un produit fondamentalement culturel. Les mots sont à leur tour enchaînés dans des phrases cohérentes et compréhensibles par les autres. Le langage permet ainsi d'informer par le récit ou la description comme il sert à influencer, à convaincre, à coopérer ou encore à enseigner.

À travers la production de bifaces standardisés, les tailleurs de pierre (probablement des *Homo erectus** puis

* Cf. lexique p. 153

des *Homo neanderthalensis*) témoignent de leur capacité à conceptualiser certains de leurs outils, ce qui peut être vu comme un prérequis à leur éventuelle dénomination.

Un pas supplémentaire sera franchi avec l'avènement du débitage dit « Levallois », développé en Europe voici quelque 300 000 ans par Neandertal[7]. Ici, le tailleur prédétermine la forme générale d'un ou plusieurs éclats par un travail préliminaire du nucléus (lire le chapitre IX, p. 77). Ces débitages se font donc par étapes qui sont marquées par des changements d'opération (dégrossissage, mise en forme initiale, préparation du plan de frappe, détachement d'un ou de plusieurs produits (éclats), remise en forme du nucléus, nouvelle préparation du ou des plans de frappe...) et de technique (changement de percuteur, emploi d'un « abraseur » pour préparer le plan de frappe). La forme des produits finaux est normalisée et indépendante de la morphologie du bloc initial.

Contrairement au façonnage d'un biface grossier, qui peut être vu comme une opération progressive, le débitage Levallois implique une véritable planification par objectifs. Le tailleur donne une forme précise à la surface de débitage, dégage le bon relief du plan de frappe, redonne une convexité adéquate au nucléus, etc. Aucun de ses gestes n'est machinal puisqu'il cherche à atteindre des formes particulières qui lui permettront de passer à l'étape suivante et ainsi de suite. Ainsi, les modalités techniques sont-elles clairement subordonnées à des intentions (des objectifs morphologiques) qui sous-tendent des modèles mentaux à valeurs de connaissances.

Point essentiel : le passage entre ces formes spécifiées est d'une grande variabilité. Seule compte la forme à atteindre. L'ordre et l'agencement des enlèvements pour galber la surface de débitage varient d'une pièce à l'autre et sont décidés *ad hoc*. Cette souplesse dénote la capacité des tailleurs à imaginer des solutions : comment agencer les quelques éclats à suivre ? Créer un plan de frappe local pour détacher un éclat important ? Les solutions sont mentalement évaluées : sont-elles techniquement possibles et souhaitables pour progresser vers l'état recherché suivant ?

De tels raisonnements impliquent non seulement une capacité de rappel de règles ou d'expériences antérieures, qui sont comparées à la situation présente, mais aussi l'évocation de ce que la pièce peut ou va devenir selon telle ou telle séquence d'actions. Nous avons dénommé cette capacité « savoir-faire idéatoire », en référence à certains troubles du comportement moteur, les apraxies idéatoires ou constructives[8]. Dans ces troubles, c'est la combinaison pertinente de gestes élémentaires qui est atteinte, alors que ces gestes élémentaires, un à un, sont préservés.

Dès lors, il est tentant d'en déduire que Neandertal était capable de connoter chronologiquement des images mentales opératoires. Celles qui ont été mémorisées grâce à l'expérience, celle présente et évaluée, celle de la forme idéale que l'objet ou telle partie de l'objet doit atteindre, et aussi celles possibles, virtuelles, moyennant telle ou telle opération évoquée. Cela nous rappelle notre propre faculté, à nous, hommes modernes, de connoter dans le temps des informations, des images mentales ou des événements : les « temps » (passé, présent et futur) et une foule d'adverbes nous permettent en effet de raconter en bon ordre ce qui s'est passé, ce qui se passe maintenant et se passera dans le futur.

Cette temporalité est un trait puissant du langage. Dire « Je vois une lionne qui mange un gnou » comme un animal signale l'immédiat est d'un intérêt limité, car votre interlocuteur peut le voir aussi ou se retourner sur un simple signal. En revanche, dire au retour d'une sortie matinale : « J'ai vu une lionne qui mangeait un gnou derrière la colline » est beaucoup plus utile. Ce récit peut en effet être l'amorce d'une décision collective : « À l'heure chaude, quand les fauves font la sieste, nous irons récupérer la carcasse. » Ensuite, la capacité d'évoquer ce que la pièce va devenir selon telle ou telle action envisagée peut être vue comme une forme du raisonnement propositionnel. Si je fais ceci, alors la pièce deviendra comme ci, si je fais autrement, elle deviendra comme ça...

La capacité d'une pensée propositionnelle, que nous exprimons par deux propositions reliées par « si » et « alors... », prolonge apparemment celle de temporalité de la pensée : un premier événement doit d'abord être connoté comme antérieur à celui qui s'ensuit. Elle est évidemment cruciale dans la sphère technique puisqu'elle autorise l'émergence de règles techniques et géométriques conceptualisées (« C'est la profondeur du point d'impact par rapport à la surface de débitage qui détermine l'épaisseur et donc la largeur de l'enlèvement ») : en étant conçu comme condition du second, le premier événement prend valeur de cause du second qui, lui, prend valeur de conséquence. Laquelle devient prévisible, voire évocable si l'événement causal peut lui-même être évoqué. Celui-ci prend alors valeur de raison. Dès lors, des raisonnements peuvent être faits (et transmis ?) en l'absence même de l'événement en question, afin d'argumenter une intention et de motiver des décisions collectives. Cette fois, ce sont les formes verbales du « conditionnel » qui sont mises en jeu : « Si nous surveillions les lions, alors nous pourrions récupérer une carcasse » ; « S'il n'était pas parti tout seul le soir pour boire, il n'aurait pas été attaqué. »

Que conclure ? Il est évidemment tentant d'imaginer un premier emploi de « noms » par les *Homo erectus* évolués de l'Acheuléen, et un langage vraiment construit, avec divers temps et un mode d'expression propositionnel, par l'*Homo neanderthalensis* ou l'*Homo sapiens* archaïque. Toutefois, même si leurs réalisations techniques nécessitent des prérequis cognitifs fortement évocateurs de certains prérequis essentiels du langage, l'extrapolation reste délicate. Prenons les chimpanzés : très malins dans leur vie sociale mais piètres parleurs, très habiles dans la locomotion mais incapables de débiter un éclat par fracture conchoïdale, ils font preuve de capacités apparemment disharmonieuses[9]. La technique serait donc bien davantage affaire de conceptualisation que de finesse motrice, comme le langage est plus affaire de capacités intellectuelles que de phonation. Tant qu'elle ne sera pas mieux analysée, cette disharmonie complique encore toute tentative d'inférence entre les capacités cognitives d'une part, et la pratique effective de langages parlés tel que nous les connaissons, d'autre part.

Finalement, l'argument le plus fort en faveur d'une communication orale est peut-être l'existence de sépultures néandertaliennes, en Europe et au Proche-Orient. Comme le soulignait Frédérique Bresson du Laboratoire d'anthropologie de l'université Bordeaux-I : « Celle-ci devait permettre la transmission des traditions, l'organisation des rites, l'expression de sentiments et de concepts abstraits liés à la mort et à l'absence, et enfin renforcer les liens sociaux entre les membres de la communauté[10]. »

Chapitre XII

UN COMPAGNON SECOURABLE

Erik TRINKAUS

Comment apprécier l'humanité des Neandertal ? Nous savons évaluer leurs ressemblances et leurs différences physiques et anatomiques par rapport à nous (lire le chapitre IV, p. 33). Nous savons aussi caractériser la complexité de leurs comportements (lire les chapitres IX et X, p. 77 et 83). Mais comment savoir s'ils possédaient la capacité proprement humaine d'éprouver de l'empathie les uns envers les autres ? Au-delà des liens qui unissent les mères et leurs enfants chez tous les mammifères, exprimaient-ils de l'intérêt et de la sympathie les uns pour les autres, se soutenant dans les périodes difficiles, et se réjouissant ensemble des événements heureux ?

Nous disposons de deux types d'indices indirects pour aborder ces questions. D'une part, l'inhumation intentionnelle des morts, qui témoignerait d'une certaine considération pour les individus, sans même parler de croyances plus métaphysiques. D'autre part, des individus âgés ou infirmes qui ont survécu assez longtemps malgré de sérieux handicaps physiques. Cela pourrait signifier qu'ils bénéficiaient de l'aide et de l'attention des autres individus de leur groupe.

Neandertal a-t-il inhumé ses morts ? L'idée a été proposée dès 1908, quand le squelette presque complet d'un individu d'âge moyen a été découvert dans la Bouffia

Bonneval, une grotte située sur la commune de La Chapelle-aux-Saints, en Corrèze. Les découvreurs, les abbés Jean et Amédée Bouyssonie et leur frère Paul, remarquèrent que le corps semblait avoir été déposé sur le côté dans un trou, puis recouvert de débris peu compacts[1]. Malgré les débats et les contestations qui ont accueilli cette proposition, il semble aujourd'hui acquis qu'effectivement, cet individu avait suscité assez de respect et d'attention de la part de son groupe social pour que les membres de celui-ci prennent la peine d'enterrer son corps, le protégeant ainsi des charognards, omniprésents à l'époque. En revanche, les os d'animaux découpés et cassés trouvés autour du corps n'étaient pas les restes d'un festin funéraire, contrairement à ce qui a été suggéré.

Depuis cette première découverte, on a trouvé plusieurs dizaines de squelettes de Neandertal quasi complets, avec les os en connexions anatomiques, déplacés seulement par le poids des sédiments qui les recouvraient, par des infiltrations d'eau, ou encore par les terriers des animaux[2]. Ces sépultures ont livré les restes d'hommes et de femmes, d'enfants et d'adultes, de nouveau-nés et de vieillards. Il ne semble pas y avoir de préférence d'âge ni de genre. La distribution des âges, par exemple, ressemble à ce que l'on pourrait attendre pour un groupe de chasseurs-cueilleurs humains du Paléolithique vivant dans des conditions difficiles[3]. Bien que cela ait été annoncé à plusieurs reprises, il n'y a aucune preuve qu'un outil ou des ossements trouvés près de ces sépultures y aient été déposés comme offrande au mort. Mais je ne doute pas qu'il s'agisse bien de sépultures intentionnelles, de la plus ancienne, datée d'environ 100 000 ans, à la plus récente, 64 000 ans plus tard.

L'inhumation intentionnelle du corps d'un parent décédé, ou sa disposition dans un arrangement particulier, est un comportement spécifiquement humain. Cela traduit de l'attention et du respect pour cet individu. L'inhumation est aussi, peut-être d'abord, destinée aux vivants, aux survivants. C'est un moyen de réarranger les relations sociales en tenant compte du vide laissé par la disparition d'un membre du groupe, ou un mécanisme social pour affronter le stress lié à la perte d'un compagnon proche. Le grand nombre de preuves d'inhumations intentionnelles parmi les néandertaliens démontre sans ambiguïté qu'ils partageaient ce trait avec nous.

Certes, 10 % seulement des néandertaliens dont nous avons retrouvé des restes semblent avoir été enterrés. Des autres, nous ne possédons que des os ou des dents isolés, récupérés dans des sédiments archéologiques. Nous ne savons pas pourquoi il y a eu de telles différences de traitement. Il est vraisemblable que l'inhumation n'était pas toujours possible et que des charognards ou des processus naturels ont détruit la plupart des corps laissés à la surface du sol ou dans des tombes peu profondes. En tout cas, cela n'indique rien concernant le respect que se portaient mutuellement les néandertaliens. Nous retrouvons en effet à peu près les mêmes disparités pour les hommes modernes de la fin du Paléolithique, plusieurs sites livrant à la fois des sépultures élaborées et des fragments de restes isolés[4].

Neandertal ne s'intéressait heureusement pas à ses congénères qu'après leur mort. Nous connaissons plusieurs cas où des individus sérieusement blessés ou atteints de lésions dégénératives ont survécu parfois plusieurs années après que ces blessures leur eurent été infligées ou que ces lésions furent apparues. Toutefois, pour chaque cas, avant de conclure que l'individu a été aidé par les autres membres de son groupe social, nous devons nous poser plusieurs questions. D'abord, quelle était la nature exacte de la lésion, et quelles ont pu être ses conséquences biologiques et comportementales directes ? A-t-elle eu des effets secondaires sur la santé de l'individu ? Dans quelle mesure cette lésion affectait-elle une fonction biologique essentielle ? Et enfin, cet individu aurait-il pu survivre si longtemps sans assistance ? Les réponses aux quatre premières questions peuvent être en majeure partie déduites de l'étude des fossiles eux-mêmes. Répondre à la dernière est plus ardu : il faut vérifier si d'autres mammifères, en particulier des primates non humains, ont ou non survécu alors qu'ils étaient frappés de handicaps similaires, et cela bien que leur espèce ne pratique pas l'entraide.

Lorsque l'on passe en revue les restes de Neandertal retrouvés, on dresse assez facilement une longue liste d'atteintes physiques. Toutefois, la plupart d'entre elles n'ont pas causé des handicaps assez graves pour mettre en péril la vie de l'individu. On observe ainsi de nombreuses fractures et des processus dégénératifs, comme l'ostéoarthrite, qui ont sans doute provoqué d'importantes douleurs mais qui n'empêchaient pas les individus de vivre à peu près normalement.

En particulier, on n'a pas retrouvé de blessure qui aurait empêché un Neandertal de marcher et de rester au sein d'un groupe social mobile de chasseurs-cueilleurs[5]. Par exemple, l'individu de la Bouffia Bonneval, et deux autres trouvés dans la grotte de Shanidar (Shanidar 1 et 3), en Irak, avaient respectivement de sérieuses ostéoarthrites de la hanche, de la cheville et du pied. Ils continuèrent pourtant tous les trois à marcher, faisant porter leur poids sur leurs articulations abîmées[6].

Quelques-uns toutefois étaient plus gravement handicapés. L'individu de la Bouffia Bonneval avait dans ses canaux auditifs des excroissances osseuses qui devaient le rendre au moins partiellement sourd. Cela ne paraît pas très important, mais n'oublions pas qu'une bonne part de l'alimentation de Neandertal venait de la chasse. Et cette activité nécessite une bonne audition, autant pour repérer et suivre les proies que pour éviter d'éventuels prédateurs (ils ne manquaient pas).

L'individu découvert à Neandertal, en Allemagne, en 1856, avait eu le coude gauche sévèrement brisé dans son adolescence. Mal ressoudée, cette fracture était à l'origine d'une restriction des mouvements du bras. Celui-ci, peu utilisé, s'était finalement atrophié, tandis que les os du bras droit se renforçaient considérablement[7]. Il a malgré tout vécu plus de trente ans avec ce bras à demi fonctionnel.

Mais tous ces handicaps sont bénins par rapport à ceux dont souffrait l'individu nommé Shanidar 1, enterré dans la grotte du même nom. Comme l'homme de la Bouffia Bonneval, et pour les mêmes raisons, il était au moins partiellement sourd. Mais ce n'est pas tout. La partie gauche de sa face était écrasée, à tel point que son orbite était déformée : soit il était borgne, soit il voyait double. Une vue en bon état devait pourtant être essentielle pour survivre dans le monde dangereux du Paléolithique. De plus, sa jambe droite avait été fracturée à plusieurs endroits et, du même côté, certaines de ses articulations étaient dégénérées. Il marchait de façon si irrégulière qu'à force sa jambe gauche, pourtant en bon état, s'était déformée, les os anormalement courbés. Pour couronner le tout, son bras droit avait été fracturé à plusieurs reprises pendant son enfance. Bien avant sa mort, il en avait même perdu une bonne partie, probablement par une amputation au-dessus du coude. Shanidar 1 a donc vécu pendant des années boiteux, avec un seul bras, une mauvaise vue et partiellement sourd, et, lorsqu'il mourut, il fut en fin de compte inhumé. Aurait-il pu vivre sans soutien social, dans une société de chasseurs-cueilleurs très mobiles ? On ne peut pas l'exclure totalement, mais il aurait rencontré énormément de difficultés.

Plusieurs néandertaliens ont aussi survécu pendant de longues durées avec peu ou pas de dents fonctionnelles. L'homme de la Bouffia Bonneval et un autre individu de Shanidar, Shanidar 5, avaient perdu la plupart de leurs molaires bien avant leur mort, et le premier avait des abcès ouverts et infectés sur l'avant des mâchoires. Le propriétaire d'un crâne trouvé isolé dans la grotte Guattari, en Italie, avait perdu toutes ses dents supérieures bien avant sa mort ; on ignore si sa mâchoire inférieure, que l'on n'a pas retrouvée, était encore pourvue de dents[8]. Et un Neandertal plus ancien, découvert au Bau-de-l'Aubesier, dans le Vaucluse, avait perdu la plupart de ses dents et avait des infections massives des gencives et des racines des dents[9].

Tous ces individus avaient des difficultés à mâcher. Comment pouvaient-ils consommer des morceaux de viande durs, à peine rôtis à la flamme ? Coupaient-ils eux-mêmes leur nourriture en petits morceaux ou la mastiquaient-ils lentement avec leurs dents et leurs gencives restantes, si douloureux que cela ait pu être ? C'est possible, comme l'attestent quelques exemples de primates non humains qui parviennent à s'alimenter bien que largement édentés. Toutefois, il serait surprenant que la survie à long terme de ces néandertaliens n'ait pas été favorisée par leurs congénères, que ces derniers les aient aidés à préparer leur nourriture ou qu'ils leur aient réservé les morceaux les plus tendres des animaux tués à la chasse.

L'existence d'inhumations intentionnelles de néandertaliens de tous âges, et la survie de plusieurs individus malgré de graves handicaps semblent porter à conclure qu'ils partageaient avec nous la caractéristique proprement humaine de soutien mutuel et d'attention sociale. Cette conclusion n'est toutefois pas aussi assurée que ce rapide tour d'horizon pourrait le laisser croire. Les raisonnements qui nous y amènent sont des enchaînements de déductions logiques, et peu sont établies avec certitude.

Sans doute plus que sur d'autres sujets, nous devons reconnaître que nous sommes influencés par nos *a priori*. Si nous pensons que l'humanité est unique, philosophiquement éloignée du reste de la nature, nous avons tendance à nous réserver jalousement la compassion, le partage et l'entraide : Neandertal ferait à peine mieux de ce point de vue que les primates actuels. Au contraire, si nous considérons, comme je le fais, que l'humanité est étroitement liée au reste de la nature, qu'elle est une simple branche de la trajectoire évolutive des primates, alors nous n'avons pas de mal à attribuer un degré élevé d'humanité à Neandertal.

Chapitre XIII

« IL ENTERRAIT BIEN SES MORTS »

Entretien avec Anne-Marie Tillier

Jusqu'à présent, combien de sépultures néandertaliennes ont-elles été retrouvées ?

Anne-Marie Tillier : Une vingtaine ont été mises au jour en Europe occidentale et centrale. C'est très peu comparé au nombre de spécimens néandertaliens exhumés depuis 1856, soit un minimum d'environ trois cents fossiles humains. La plupart des sépultures ont été découvertes en France et en Belgique et ont au plus 50 000 ans. La première sépulture déclarée est celle retrouvée en 1908 par trois frères, dont deux abbés, dans une grotte de La Chapelle-aux-Saints, en Corrèze (lire le chapitre XII, p. 103). Il s'agissait d'un adulte de sexe masculin. Les fouilleurs n'étaient pas des spécialistes de l'anthropologie. Et hélas ! nous n'avons pu interpréter ce dépôt qu'au travers des rares plans et photos archivés. D'après ces maigres informations, l'orientation du corps par rapport à la grotte, sa position et les connexions anatomiques des os militent en faveur de l'hypothèse d'une inhumation intentionnelle.

Pourquoi ne prenez-vous pas en compte les sépultures retrouvées au Proche-Orient ?

Je pense, un peu comme Baruch Arensburg, (lire le chapitre VII, p. 61) que les fossiles humains retrouvés en contexte moustérien*, au Proche-Orient, diffèrent des néandertaliens européens : ils présentent des traits anatomiques d'*Homo sapiens* classiques, des caractères partagés avec les néandertaliens et d'autres qui leur sont spécifiques. Certains anthropologues considèrent que les sépultures d'Amud et de Kebara, en Israël, sont néandertaliennes. Or, à Amud, une sépulture contient un squelette adulte, d'environ 50 000 ans, qui présente justement cette mosaïque de caractères : il est donc difficile de trancher en faveur d'une appartenance à l'un des groupes d'hommes. Un squelette incomplet d'enfant y a aussi été exhumé, avec un maxillaire de cerf placé contre sa région pelvienne. Le problème : seul l'arrière du crâne a été retrouvé. Or la morphologie de la tête osseuse constitue l'un des caractères les plus pertinents pour définir ce qui est néandertalien ou non. Même difficulté à Kebara : en l'absence de crâne, je ne peux me prononcer sur l'attribution néandertalienne du squelette adulte de 60 000 ans retrouvé dans la grotte.

Pourquoi certains anthropologues nient-ils l'existence de sépultures néandertaliennes ?

Quelques rares chercheurs, notamment nord-américains, n'admettent toujours pas le fait que les néandertaliens aient pu accomplir des gestes funéraires[1]. Il peut s'agir de scientifiques qui n'ont pas travaillé sur le terrain. Leurs arguments majeurs : l'ensevelissement des corps a pu être produit par des processus naturels, le vent par exemple ; la découverte des corps dans les lieux d'occupation pourrait prouver un manque de respect pour le mort ; enfin, en l'absence d'art pariétal et de mobilier funéraire néandertalien, Neandertal est perçu comme un être incapable d'avoir une quelconque préoccupation d'ordre intellectuel sur la mort. Ces propos sont facilement contestables : d'abord on constate bien sur le terrain que les corps n'ont pas été laissés

* Cf. lexique p. 153

à l'abandon et qu'il n'y a pas trace d'activité animale sur les ossements. Ensuite l'exhumation des sépultures dans les lieux d'habitat ne prouve pas que Neandertal abandonnait ses morts : à des périodes plus récentes, par exemple au Néolithique*, des individus ont été retrouvés enterrés sous le sol des maisons et aucun scientifique ne met en doute le respect qui leur a été témoigné. En réalité, derrière ce discours, se cache une volonté de dévaloriser Neandertal. Ces chercheurs ont une vision linéaire et gradualiste de l'évolution humaine : Neandertal ne pouvait être aussi spirituel qu'*Homo sapiens* puisqu'il a disparu !

Pourquoi est-il si difficile d'attester une tombe néandertalienne ?

Pour deux raisons principales : d'abord la plupart des sépultures ont été mises au jour au début et au milieu du XXe siècle. Il s'agissait souvent de découvertes fortuites, de fouilles pratiquées par des non-spécialistes ou par des archéologues aux méthodes moins rigoureuses qu'aujourd'hui. Il est donc difficile d'attester avec certitude les sépultures, à la lumière des rares documents disponibles et parfois incomplets ! Second obstacle : à la différence de périodes plus récentes où la sépulture est balisée, durant le Paléolithique moyen*, il n'existait pas de cadre funéraire établi. La sépulture est donc difficile à cerner : il faut la déduire de la position du corps tel qu'elle nous est parvenue et, en cas de creusement d'une fosse, déceler les traces indirectes dues à l'existence des parois.

Quels éléments permettent d'affirmer que vous êtes en présence d'une sépulture ?

Pour établir l'intentionnalité d'un dépôt, nous essayons d'abord de déceler la délimitation d'une fosse. Puis on observe la position du corps : le fait qu'il soit fléchi ou sur

* Cf. lexique p. 153

le dos, ou que sa tête soit surélevée, par exemple, permet aussi de trancher en faveur ou non d'une inhumation. Ensuite, et ceci est très important, nous examinons le maintien des connexions anatomiques entre les os. Il existe deux types de connexions : celles qui se défont très vite lors de la décomposition du cadavre, notamment celles des os des mains et des pieds, et celles, persistantes, qui se maintiennent longtemps après la mort, comme l'articulation entre la tête osseuse et la première vertèbre cervicale. Conclusion : si l'on retrouve un squelette dont les connexions des mains et des pieds sont préservées, cela suggère que le corps a été enterré rapidement. L'ensevelissement a permis que les os ne s'éparpillent pas et a empêché les carnivores d'abîmer le cadavre. Enfin, mais c'est exceptionnel, des restes animaux ou des outils près du ou des corps peuvent indiquer un geste funéraire. Mais encore faut-il dissocier ces dépôts de ceux qui ont pu être transportés par la terre ayant servi au comblement de la sépulture.

Quelques sépultures de corps sans tête ont été retrouvées. Peuvent-elles être le signe de gestes funéraires secondaires ?

L'hypothèse d'un culte des crânes n'est pas nouvelle, André Leroi-Gourhan* l'avait évoquée : un crâne isolé pourrait être l'indication d'un geste effectué sur une sépulture primaire dont on n'a aucune trace. À Kebara, par exemple, seule la mandibule de l'adulte retrouvé sans tête est restée en place, avec toute la séquence des vertèbres cervicales. Cela peut signifier que le crâne a été prélevé tardivement, étant donné qu'il n'y a eu aucun bouleversement de l'organisation anatomique initiale. Avec mes collègues, nous avions émis l'hypothèse que ce prélèvement pouvait être d'origine anthropique et avoir été effectué dans un second temps, après le dépôt primaire. Mais nous n'avons jamais retrouvé ce crâne. Et comme nous avons

* Cf. lexique p. 153

arrêté la fouille de ce site, nous ne possédons pas la preuve de ce que nous avançons.

Pourquoi les néandertaliens n'ont-ils pas enterré tous leurs morts ?

Difficile à dire. Car les personnes inhumées sont de tous âges et de tous sexes ! Si seuls des sujets âgés avaient été retrouvés, nous aurions pu penser que les néandertaliens privilégiaient le respect aux anciens, mais des sépultures d'adolescents et de nourrissons ont aussi été découvertes. Les squelettes ne semblent pas porter les marques d'une maladie particulière ou d'une cause évidente de décès. Toutefois, une étude systématique des lésions osseuses serait à mener sur ces squelettes. Par exemple, au cours de sa croissance, l'émail des dents enregistre les épisodes de stress de la vie d'un individu. On peut ainsi déceler des troubles de croissance liés à une malnutrition, une maladie, une grande fièvre... Les premiers résultats de telles études menées sur des néandertaliens semblaient indiquer que ceux-ci connaissaient de grandes périodes de stress[2], mais ils ont été revus à la lumière d'une étude récente fondée sur une analyse plus exhaustive de la denture et prenant en compte au moins deux catégories de dents[3]. Cette recherche suggère que Neandertal n'aurait pas été plus affecté par les mauvaises conditions de vie que les populations de chasseurs-cueilleurs. En l'état actuel des connaissances, il est donc difficile d'élaborer des scénarios.

Propos recueillis par Anna Musso

Chapitre XIV

UNE VIE EN COULEURS

Francesco d'ERRICO et Marie SORESSI

Il y a un peu plus de 100 000 ans, à Skhul, aujourd'hui en Israël, des hommes et des femmes ont fabriqué des perles en perçant les coquilles d'un petit gastéropode marin, *Nassarius gibbolosus*. C'est la plus ancienne trace incontestable de l'utilisation de parure corporelle par des êtres humains[1].

Un peu plus près de nous, il y a 75 000 ans, dans la grotte de Blombos, en Afrique du Sud, d'autres groupes humains fabriquaient le même type de perles, qu'ils portaient en collier ou en bracelet[2]. Ces mêmes groupes gravaient des motifs abstraits sur des fragments d'ocre et utilisaient de grandes quantités de ce matériau pour colorier leurs parures, leurs armes de chasse, et sans doute d'autres éléments de leur culture matérielle.

Ces exemples ne sont pas isolés : de nombreux indices archéologiques de la capacité à utiliser des symboles sont attestés en Afrique et au Proche-Orient en ces temps reculés. Or, ces régions étaient à cette époque peuplées par des hommes anatomiquement modernes. Bon nombre de préhistoriens en déduisent que le changement biologique qui aurait produit l'humanité moderne est la cause directe de ces innovations comportementales.

Cette vision des choses range Neandertal au rang de population « archaïque » sur le plan biologique et culturel.

Dans ce paradigme, un mécanisme de cause à effet relie la biologie à la culture. Il faudrait, par définition, appartenir à notre espèce pour développer des comportements symboliques.

Comme le plus ancien homme anatomiquement moderne reconnu jusqu'à présent est daté d'environ 160 000 ans[3], nous devrions, au plan archéologique, observer une émergence de l'utilisation de symboles en Afrique aux alentours de cette date. *A contrario*, de telles manifestations devraient être totalement absentes chez les populations antérieures ou vivant sur les autres continents, en particulier chez Neandertal. Ces populations devraient se révéler incapables d'innover par elles-mêmes et être imperméables à des stimuli extérieurs.

Ce n'est pas tout à fait ce que l'on observe. Neandertal et ses ancêtres ont laissé des gravures sur os et sur pierre dans des sites comme Bilzingsleben, en Allemagne, Tata, en Hongrie, La Ferrassie, en France, ou encore Temnata, en Bulgarie[4]. La chose est rare, mais pas moins fréquente qu'en Afrique à la même époque. Par ailleurs, les derniers Neandertal ont produit et utilisé un répertoire complexe d'objets de parures : on a retrouvé au moins quinze types d'ornements différents dans les couches châtelperroniennes* de la grotte du Renne, à Arcy-sur-Cure, dans l'Yonne, qui n'ont livré pour l'instant que des restes néandertaliens.

Ces faits nous incitent à proposer un autre scénario. Nous pensons en effet que les capacités cognitives nécessaires au développement des comportements symboliques étaient largement en place chez plusieurs populations humaines avant le processus qui aurait produit notre espèce en Afrique. L'émergence, la disparition et la réémergence de ces comportements chez ces différentes populations résulteraient de contingences historiques liées à des facteurs démographiques et environnementaux.

De tels mécanismes sont bien attestés dans les phases

* Cf. lexique p. 153

plus récentes de l'histoire de l'humanité. Par exemple, l'invention et la diffusion de l'agriculture et de l'élevage ou, plus récemment, de l'écriture, se sont faites à plusieurs reprises, et indépendamment, dans plusieurs régions du monde. On ne peut pourtant pas les attribuer à une spéciation ni à un autre phénomène purement biologique.

Pour vérifier la pertinence de ce modèle, plusieurs archéologues essayent d'analyser et de dater les traces archéologiques qui témoigneraient de l'acquisition d'une pensée symbolique à des époques, dans des régions, et chez des types humains auxquels on n'accorde pas habituellement cette capacité. Nous nous sommes particulièrement intéressés à l'utilisation des pigments. Il s'agit en effet d'un des comportements le plus souvent cité pour défendre une origine africaine et biologique de la modernité comportementale.

L'utilisation de pigment est très fréquente en Afrique durant le Middle Stone Age, entre 200 000 et 30 000 ans avant le présent. Par exemple, plusieurs milliers de fragments de blocs d'ocre ont été retrouvés sur le site de Blombos, que nous avons déjà mentionné : plus de 6 000 fragments dans un niveau daté d'environ 100 000 ans, plus de 2 000 fragments dans un niveau daté de 75 000 ans.

Ce matériau avait-il un emploi exclusivement utilitaire ? Préparation et tannage des peaux, protection vis-à-vis du soleil, désinfectant, additif aux résines utilisées dans des emmanchements d'outils, etc. : de nombreux usages ont été évoqués. Mais dans ce cas, la couleur de l'ocre utilisée, jaune, rouge ou brune, n'aurait eu aucune importance : les propriétés chimiques du matériau n'en dépendent pas. Or, I. Watts, du Muséum sud-africain du Cap, a montré, en analysant les pigments découverts dans une centaine de sites, que les groupes humains d'Afrique australe du Middle Stone Age employaient préférentiellement de l'ocre rouge[5]. Ce choix ne répondant pas à un souci d'efficacité, il y a de bonnes raisons de penser qu'il témoigne d'un comportement symbolique. En outre, certains de ces blocs de pigments ont été taillés en crayon et donc probablement utilisés pour tracer des traits et non pour colorier de grandes surfaces.

Durant le Middle Stone Age, l'utilisation de pigments n'est pas limitée à l'Afrique subsaharienne : on a par exemple retrouvé un éclat Levallois (lire le chapitre IX p. 77) marqué d'une ligne d'ocre rouge continue sur les deux faces sur le site de Sodmein, en Égypte, dans un niveau daté d'environ 115 000 ans[6]. Le gisement de Qafzeh, en Israël, a livré plus d'une centaine de blocs d'ocre rouge, dont certains portent des traces claires d'utilisation[7]. Des hommes modernes avaient aussi été enterrés à Qafzeh, mais aucun colorant n'a été retrouvé associé aux sépultures.

L'utilisation de pigments en Afrique est de toute façon plus ancienne que l'homme anatomiquement moderne, même si elle devient de plus en plus fréquente après 100 000 ans. Dès 300 000 ans, on dispose de preuves de leur utilisation. Au Kenya, à Kapthurin, plus de 70 pièces d'ocre rouge pesant au total 5 kilogrammes ont été retrouvées dans un niveau daté de 285 000 ans[8]. En Zambie, le site de Twin Rivers a livré 176 fragments de colorants dans un niveau daté entre 260 000 et 400 000 ans. Ceux-ci avaient été collectés à plusieurs kilomètres de distance[9].

En Europe, Neandertal a lui aussi utilisé des colorants. Des blocs d'un colorant noir, du dioxyde de manganèse et dans une moindre quantité des blocs d'ocre, ont été retrouvés sur plus de 40 sites moustériens*. Des gisements plus anciens, attribués à l'Acheuléen*, en ont aussi livré. La fréquence de ces colorants est plus importante dans la dernière période du Moustérien, il y a 60 000 à 40 000 ans. La collection la plus importante est celle qui a été retrouvée à Pech de l'Azé I, en Dordogne[10]. Ce gisement a aussi livré un des rares crânes d'enfant néandertalien juvénile

* Cf. lexique p. 153

bien conservé. Plus de 500 blocs de dioxyde de manganèse sont actuellement conservés, dont certains retrouvés lors de nos fouilles récentes dans un niveau de plus de 43 000 ans[11]. Le gisement ayant été fouillé dès le XIXe siècle, il est possible que ces 500 blocs et fragments représentent en fait moins de la moitié des colorants abandonnés sur le gisement par Neandertal.

Celui-ci et ses ancêtres européens utilisaient en fait autant de colorants que les hommes modernes d'Afrique et leurs prédécesseurs, jusqu'il y a 30 000 ans. La collection retrouvée à Pech de l'Azé I est même numériquement plus importante que les collections retrouvées en Afrique, qui comptent le plus souvent quelques dizaines de pièces seulement. Seule celle du site de Blombos fait exception.

Peut-on se fonder sur cette présence de colorants dans des sites néandertaliens pour affirmer que ces derniers en faisaient un usage symbolique ? Dès les années 1950, François Bordes*, de l'université de Bordeaux, proposait l'idée que les colorants de Pech de l'Azé I avaient été utilisés pour des peintures corporelles. En outre, on ne connaît pas de société traditionnelle moderne dans laquelle l'emploi de colorants réponde à un besoin purement utilitaire (même si l'utilitaire est souvent associé au symbolique). Toutefois, rien ne prouve que cet universel moderne ait été partagé par Neandertal.

Pour tenter de lever ce doute, nous avons entrepris de comparer l'état des surfaces de ces blocs archéologiques à ceux de pièces façonnées expérimentalement. Plus précisément, nous avons constitué un référentiel expérimental, en reproduisant avec des blocs d'oxyde de manganèse treize tâches différentes, comme la production de poudre par abrasion sur de la pierre, le coloriage de cuirs, ou encore le dessin de peintures corporelles. Puis nous avons appliqué aux deux catégories d'objets une analyse microscopique permettant de reconstituer des images en trois

* Cf. lexique p. 153

dimensions. Nous caractérisons ainsi la topographie des surfaces à l'échelle micrométrique, et nous la quantifions par des mesures de la rugosité. En comparant la position, la morphologie, la densité, l'orientation ou la profondeur des stries laissées par les usures expérimentales avec celles observées sur le matériel archéologique, nous disposons d'éléments pour mieux comprendre l'utilisation de ce dernier.

Nos analyses ne sont pas terminées. Mais elles montrent déjà que, parmi les blocs de Pech de l'Azé I, plus de la moitié ont été abrasés avant d'être utilisés sur des matières souples, comme de la peau sèche ou de la peau humaine. L'abrasion des blocs de pigments sur des plaquettes de grès retrouvées lors des mêmes fouilles semble avoir été réalisée par les Neandertal afin de créer des facettes allongées à fort pouvoir colorant qui pouvaient être utilisée pour marquer, comme avec des fusains, différents matériaux souples. Décoraient-ils leurs vêtements de peau ? Leurs tentes ? S'ornaient-ils de peintures rituelles ?

D'ores et déjà, l'état des connaissances sur l'utilisation de pigments par les moustériens en Europe et au Proche-Orient comme par les populations du Middle Stone Age d'Afrique montre qu'un modèle « historique » expliquerait l'émergence de comportements symboliques aussi bien, voire mieux, que le modèle biologique. De façon plus générale, il est peu probable que nous soyons le seul groupe humain aujourd'hui sur la planète parce que notre biologie nous aurait donné des capacités cognitives supérieures aux autres types humains. Notre « solitude » actuelle est peut-être simplement due à une suite de contingences historiques.

Chapitre XV

LE PREMIER EUROPÉEN MODERNE

Jean-Guillaume BORDES

Entre 200 000 et 40 000 ans avant le présent, Neandertal est le seul représentant de la lignée humaine en Europe. Il exploite de nombreux biotopes, s'adaptant parfaitement aux changements climatiques qui se produisent pendant cette immense période. Rien ne semble donc menacer son existence. Pourtant, vers 30 000 ans avant le présent, les derniers représentants de cette lignée s'éteignent. Que s'est-il donc passé ?

Entre 40 000 et 30 000 ans, deux événements considérables se sont produits sur notre continent. D'une part, l'homme anatomiquement moderne y est arrivé, probablement d'Afrique. D'autre part, une nouvelle culture, dont l'origine reste inconnue, est apparue : l'Aurignacien. Celle-ci inaugure une ère nouvelle, que les préhistoriens ont identifié depuis la fin du XIXe siècle comme représentant une rupture avec les cultures antérieures qualifiées de moustériennes : le Paléolithique supérieur.

Il y a une vingtaine d'années, la plupart des préhistoriens pensaient que ces deux événements étaient liés : l'Aurignacien était arrivé avec l'homme moderne, seul à posséder les capacités intellectuelles et physiques pour produire une culture aussi perfectionnée. Des restes de ce dernier avaient en effet été découverts en association avec les plus anciennes manifestations connues de

LES DÉBUTS DU PALÉOLITHIQUE SUPÉRIEUR

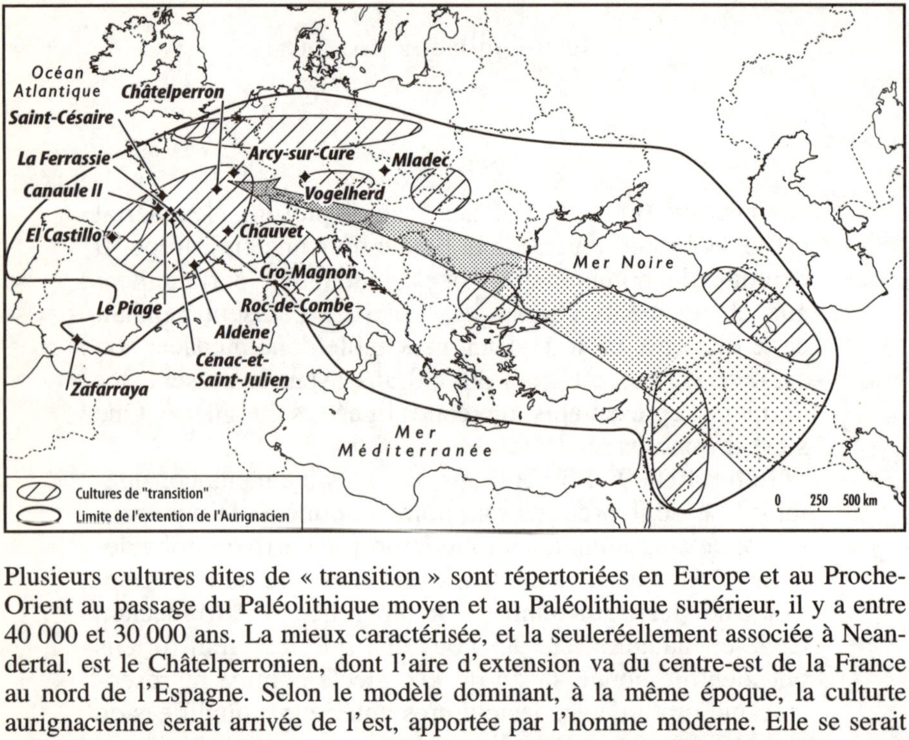

Plusieurs cultures dites de « transition » sont répertoriées en Europe et au Proche-Orient au passage du Paléolithique moyen et au Paléolithique supérieur, il y a entre 40 000 et 30 000 ans. La mieux caractérisée, et la seuleréellement associée à Neandertal, est le Châtelperronien, dont l'aire d'extension va du centre-est de la France au nord de l'Espagne. Selon le modèle dominant, à la même époque, la culturte aurignacienne serait arrivée de l'est, apportée par l'homme moderne. Elle se serait progressivement étendue sur toute l'Europe, sauf au sud de l'Espagne. Dans cette région, Neandertal a conservé sa culture moustérienne « archaïque ».

l'Aurignacien, telles Cro-Magnon, en France, ou Mladeč, en République tchèque.

Neandertal, quant à lui, avait persisté dans son archaïsme moustérien jusqu'à son extinction. D'ailleurs, en 1983, le Neandertal le plus récent connu, daté de 30 000 ans, avait été découvert à Zaffaraya, au sud de l'Espagne, associé à des outils moustériens[1]. Le plus probable, à l'époque, était que la péninsule ibérique avait constitué un ultime refuge devant l'avancée, par l'est, des hommes modernes, mieux équipés et mieux organisés.

Cependant, il existe en Europe de l'Ouest une culture qui, chronologiquement située entre le Moustérien et l'Aurignacien, est au cœur des interrogations des préhistoriens depuis qu'elle a été définie par l'Abbé Breuil en 1906 : le Châtelperronien. L'industrie lithique* du Châtelperronien présente en effet des caractères mixtes entre le Paléolithique moyen et le Paléolithique supérieur (lire le chapitre IX p. 77).

En 1979, François Lévêque, du Service régional de l'archéologie de Poitou-Charentes, et ses collaborateurs, découvrirent à Saint-Césaire, en Charente-Maritime, un Neandertal associé à des outils caractéristiques du Châtelperronien[2]. En 1996, cette association fut confirmée pour le site de la grotte du Renne, à Arcy-sur-Cure dans l'Yonne, par l'attribution à Neandertal d'un os temporal découvert plusieurs dizaines d'années plus tôt dans une couche archéologique châtelperronienne (voir l'encadré « L'oreille interne », p. 38)[3].

La conclusion s'imposait donc : le Châtelperronien était une culture de Neandertal. Celui-ci aurait réalisé la transition vers le Paléolithique supérieur. La majorité des préhistoriens s'accordent aujourd'hui sur ce point, même s'ils débattent, parfois âprement, pour savoir si cette transition s'est produite de façon autonome ou par imitation de

* Cf. lexique p. 153

l'homme moderne (voir l'encadré « La bataille de l'acculturation » ci-dessous).

La bataille de l'acculturation

Deux hypothèses principales ont été proposées pour expliquer le passage par Neandertal du Moustérien au Châtelperronien, culture du Paléolithique supérieur. D'une part, l'hypothèse de l'acculturation, défendue en particulier par Jean-Jacques Hublin, aujourd'hui à l'Institut Max Planck de Leipzig et par Paul Mellars, de l'université de Cambridge : Neandertal aurait simplement copié les hommes modernes arrivés en Europe. D'autre part, des préhistoriens tels que Francesco d'Errico, du CNRS, ou Joao Zilhao, de l'université de Bristol, défendent l'idée d'une invention indépendante, antérieure à l'arrivée des hommes modernes. Puisque ces derniers sont passés en quelques milliers d'années de la culture moustérienne, qu'ils partageaient au Proche-Orient avec les Neandertal, à la culture aurignacienne, de même les Neandertal auraient fait de leur côté leur « révolution du Paléolithique supérieur ».

Depuis une dizaine d'années, l'opinion dominante parmi les spécialistes est que l'homme moderne et Neandertal ont coexisté en Europe pendant plusieurs milliers d'années, entre l'arrivée des premiers, il y a un peu moins de 40 000 ans, et la disparition des seconds, il y a environ 30 000 ans. Chacune des deux populations est associée à des cultures différentes dans cette période : Moustérien et Châtelperronien pour Neandertal, Aurignacien pour l'homme moderne.

Comme avec le Moustérien, d'un point de vue culturel, le maître mot qui caractérise les relations entre le Châtelperronien et l'Aurignacien est « rupture ». Rupture géographique d'abord : le Châtelperronien est défini sur une aire géographique relativement restreinte, de l'Espagne cantabrique au centre-est de la France, alors que l'Aurignacien, décrit comme très homogène, est présent au moins sur l'ensemble de l'Europe, voire au Proche-Orient. Les sites châtelperroniens sont aussi plus rares, plus pauvres, et semblent indiquer des occupations plus réduites, moins installées, que celles des sites aurignaciens, très nombreuses et très riches.

Rupture technique ensuite : avec l'Aurignacien, tout semble en effet différent. Les outillages en silex s'allègent, s'allongent et se standardisent, ce qui semble signaler une gestion différente des territoires des groupes. De minuscules lamelles de silex sont emmanchées, ce qui indiquerait des armes plus légères et donc une chasse à plus longue distance qu'auparavant. De plus, les outils en os et en bois animal sont inventés ou se généralisent.

Rupture symbolique enfin : bien que l'on trouve des éléments de parure dans les vestiges châtelperroniens, dents ou coquilles percées, ils sont beaucoup plus rares que pour l'Aurignacien. Ce dernier invente aussi l'art figuratif, avec par exemple des statuettes en ivoire, en Allemagne du Sud, et de l'art pariétal, dans la grotte Chauvet, en Ardèche, ou dans la grotte d'Aldene, dans l'Hérault[4].

Toutefois, les données dont nous disposons aujourd'hui soutiennent-elles réellement un tel scénario ? Je ne le crois pas. Il suffit de reprendre un à un les arguments sur lesquels il repose pour en faire apparaître les faiblesses.

D'abord, la contemporanéité du Châtelperronien et de l'Aurignacien n'est pas démontrée. En effet les plus vieilles datations de l'Aurignacien en Europe, au-delà de 36 500 ans avant le présent, sont toujours sujettes à caution, pour des raisons parfois différentes. Par exemple en Espagne, à El Castillo, ces dates sont correctes, mais de plus en plus de chercheurs considèrent que la couche datée contient en fait du Moustérien[5] !

De plus, les dates plus récentes que 38 000 ans, obtenues pour le Châtelperronien par le carbone 14, ont souvent été réalisées anciennement, ou sur des ossements qui ont pu être « rajeunis » par des contaminations avec du carbone récent. Les datations les plus fiables du Châtelperronien, réalisées dans la Grotte XVI, à Cenac et Saint-Julien, en Dordogne[6] ou au Roc-de-Combe, dans le Lot, indiquent 38 000 à 39 000 ans[7].

Par ailleurs, parmi les arguments les plus convaincants d'une longue coexistence des deux cultures en Europe, on mentionne souvent les sites du Roc-de-Combe et du Piage, situés au nord du Lot et fouillés dans les années 1960. Dans ces deux gisements, une couche d'occupation châtelperronienne avait été reconnue entre deux couches d'occupations aurignaciennes. Cette stratigraphie si particulière laissait entendre que les Châtelperroniens et les Aurignaciens fréquentaient alternativement les mêmes sites[8].

Or, l'analyse minutieuse des carnets de fouilles de l'époque, et une étude poussée du matériel fouillé alors, m'ont permis de démontrer que ces couches provenaient soit de mouvements sédimentaires postérieurs aux occupations, qui ont mélangé les couches et donc les industries soit, plus grave, des données un peu forcées (inconsciemment) par les archéologues eux-mêmes, qui n'ont vu que ce qu'ils voulaient voir.

Pour le gisement éponyme de Châtelperron, dans l'Allier, Paul Mellars, de l'université de Cambridge, et ses collègues, qui ont récemment daté des ossements animaux attribués à la couche aurignacienne, ne se sont simplement pas aperçus qu'il s'agissait de déchets de repas de hyènes. De plus, cette soi-disant couche aurignacienne interstratifiée n'est en fait composée que d'une dizaine d'objets, dispersés sur toute la hauteur de la stratigraphie, et ne représentant probablement que des déblais de fouilles du XIXe siècle, pris pour des couches en place par Henri Delporte lorsqu'il refouilla ce site dans les années 1950[9]...

La correspondance elle-même entre culture et type humain n'est pas non plus établie. Ainsi, sur les sites de Saint-Césaire et d'Arcy-sur-Cure, si la nature néandertalienne des restes humains n'est pas discutable, leur association avec le Châtelperronien, elle, l'est. Pour Arcy, les travaux récents de Nelly Connet, aujourd'hui à l'Inrap, ont montré que le fragment de temporal était en fait à l'interface avec des couches moustériennes, dans une zone du site où la stratigraphie a été mal comprise[10]. Pour Saint-Césaire, le contenu des couches n'est pas connu de façon satisfaisante. Les premières analyses et publications montrent une grande quantité de vestiges d'aspect moustérien dans le niveau « châtelperronien »[11]. Tant que des analyses plus précises ne seront pas effectuées, il convient de rester prudent.

De la même façon, de nombreux restes humains autrefois associés à des vestiges aurignaciens ont récemment été datés directement de périodes plus récentes. C'est le cas à Cro-Magnon, où les ossements n'auraient que 28 000 ans, et appartiendraient donc à la période du Gravettien*, et à Vogelherd, en Allemagne, où des squelettes trouvés avec les plus anciennes formes d'art ont été datés du Néolithique*. À Mladeč, de nouvelles dates ont donné 31 000 ans pour les restes humains, ce qui est aussi assez récent. En outre, les vestiges archéologiques ne sont pas réellement caractéristiques de l'Aurignacien.

Par ailleurs, un réexamen des ensembles d'outils en pierre caractéristiques de l'Aurignacien et du Châtelperronien m'a conduit à réviser la notion de rupture, et cela au moins pour deux raisons. Tout d'abord, la composante considérée comme archaïque, ou moustérienne, du Châtelperronien, constituée par la présence de racloirs* et de denticulés*, proviendrait de mélanges avec des couches moustériennes sous-jacentes. C'est en tout cas ce qui a été montré à Roc-de-Combe ou à La Ferrassie, par exemple, où cette question a été revue. Ainsi, le Châtelperronien est-il « complètement » une industrie du Paléolithique supérieur, comme c'est par exemple le cas à Canaule II, dans la région de Bergerac, où toute l'industrie est laminaire.

Ensuite, le fait peut-être le plus important est la reconnaissance récente d'une industrie qui vient s'intercaler

* Cf. lexique p. 153

chronologiquement et technologiquement entre le Châtelperronien et l'Aurignacien ancien. Appelée Protoaurignacien, cette industrie avait été découverte dans les années 1960 par Georges Laplace, dont les résultats avaient été rejetés. Elle se caractérise par de grandes lamelles de silex dont les dimensions sont intermédiaires entre celles du Châtelperronien et celles de l'Aurignacien ; et si cela montrait que les pratiques de chasse avaient progressivement évolué entre ces deux cultures ? Il est encore trop tôt pour le dire avec certitude, car nous ne disposons pas encore d'assez de bons gisements documentant cette industrie. Des recherches sont en cours pour cela, au Piage, dont je dirige les fouilles avec Foni Le-Brun-Ricalens, du Musée national d'histoire et d'art de Luxembourg, et dans le Zagros, où la mission franco-iranienne, dirigée par Jacques Jaubert, de l'université Bordeaux 1 et Fereidoun Biglari, de l'Organisation iranienne pour le patrimoine culturel, espère discuter l'origine du Paléolithique supérieur*.

En résumé, s'il fallait donc placer une rupture quelque part dans cette période, ce serait plutôt entre les derniers moments du Moustérien et le Châtelperronien ! On le voit donc, nos interprétations quant aux processus qui se sont déroulés à la transition entre le Paléolithique moyen et le Paléolithique supérieur doivent être réévaluées. On peut même s'interroger sur l'identification entre type humain et culture : et si elle n'existait pas, au bout du compte ?

* Cf. lexique p. 153

Chapitre XVI
10 SCÉNARIOS POUR UNE DISPARITION

Fabienne LEMARCHAND

Les hommes de Neandertal sont apparus il y a environ 200 000 ans. Quelque 80 000 ans plus tard, ils peuplaient toute l'Europe et le Moyen-Orient. Puis des hommes modernes, les Cro-Magnon, sont arrivés du Moyen-Orient. En quelques millénaires, ils les ont totalement supplantés. Nombre d'hypothèses, qui ne s'excluent pas forcément, ont été émises pour expliquer ce phénomène. Examinons les dix principales.

1. Il n'a pas disparu

Neandertal se serait mélangé aux populations de Cro-Magnon, bien plus denses. Il se serait donc simplement fondu dans la masse. Cette hypothèse fut notamment défendue par l'anthropologue américain Charles Loring Brace[1]. Ce chercheur avait noté d'étroites ressemblances entre les crânes médiévaux conservés aux muséums de Copenhague et d'Oslo et ceux de Neandertal ! La découverte, en 1999, à Lagar Velho, à une centaine de kilomètres au nord de Lisbonne, au Portugal, d'un squelette d'enfant vieux de 25 000 ans, présentant des caractères hybrides, redonna un écho particulier à ce scénario[2]. Mais les analyses d'ADN ancien n'ont pour l'instant détecté aucun métissage (lire le chapitre V, p. 43).

Celui-ci, s'il s'est produit, est probablement resté très ponctuel.

PEU PROBABLE

2. Il a été décimé par des maladies apportées par Cro-Magnon

Les premiers hommes modernes auraient amené d'Afrique et d'Asie une kyrielle de parasites, de bactéries et de virus. Lesquels auraient eu des effets dévastateurs sur les populations non prémunies de Neandertal. Cette hypothèse a été émise en 1995 par Jacques Pelegrin, du laboratoire « Préhistoire et technologie », à Nanterre[3]. « Ce sont les virus de la grippe, de la rougeole et de la variole, apportés par les colons européens qui, depuis le XVIe siècle, ont été responsables de l'effondrement des Fuégiens de Patagonie, de nombreux groupes d'Indiens des Amériques ou encore de la disparition des Hottentots et des Aborigènes de Tasmanie », souligne t-il. « Du fait de leur très long isolement dans la péninsule européenne, les populations de Neandertal étaient très vulnérables vis-à-vis de nouveaux agents pathogènes. L'impact de telles flambées épidémiques a donc dû être dramatique, ne laissant à chaque fois que quelques rares survivants désorganisés. »

Malheureusement, ces maladies n'ont pas laissé de traces sur les ossements. Aux yeux d'Éric Crubézy, de l'université Paul-Sabatier de Toulouse, ce scénario se heurte en outre à une difficulté importante : « L'histoire récente montre que de telles épidémies déciment les populations très vite, en l'espace d'un siècle. Or, la disparition de Neandertal fut très progressive. »

INVÉRIFIABLE

3. Il est mort de faim

L'arrivée de l'homme moderne dans la même niche écologique que Neandertal a créé une concurrence qui lui aurait été fatale. Nul doute que les deux groupes ont dû se partager le territoire et, par voie de conséquence, les ressources. Mais on voit mal pourquoi la concurrence aurait été défavorable aux Neandertal alors qu'ils avaient fait preuve de remarquables capacités d'adaptation pendant des centaines de milliers d'années... En outre, l'analyse statistique de milliers de restes osseux et de dents recueillis au Caucase, sur des sites fréquentés par Neandertal puis par l'homme moderne entre – 50 000 et – 20 000 ans, montrent que leurs aptitudes à la chasse et leurs outils étaient comparables[4]. Il est donc peu vraisemblable que l'homme moderne ait privé son rival de gibier.

PEU PROBABLE

4. Il était inférieur techniquement ou cognitivement

Neandertal a longtemps fait figure de créature primitive et stupide, pas plus douée pour le langage que pour la taille d'outils élaborés. Bref, cet être inférieur n'aurait pu résister à l'assaut de l'homme moderne, plus agile, plus rusé et plus intelligent que lui. Mais cette vision est erronée : Neandertal maîtrisait l'art de la taille aussi bien que ses contemporains modernes et avait des capacités cognitives aussi développées que les leurs (lire les chapitres IX et XI p. 77 et 93).

PEU PROBABLE

5. Il a été dépassé démographiquement

Moins nombreux et moins dynamiques que les hommes modernes, les groupes de Neandertal auraient disparu les uns après les autres. Voici quelques années, Jean-Pierre Bocquet-Appel, du CNRS, à Paris, et Pierre-Yves Demars, du CNRS, à Bordeaux, ont reconstitué l'évolution des zones occupées par les hommes modernes et les Neandertal entre – 40 000 et – 30 000 ans[5] (voir les cartes page suivante). L'étude, fondée sur la distribution des sites

MOUVEMENTS DE POPULATIONS

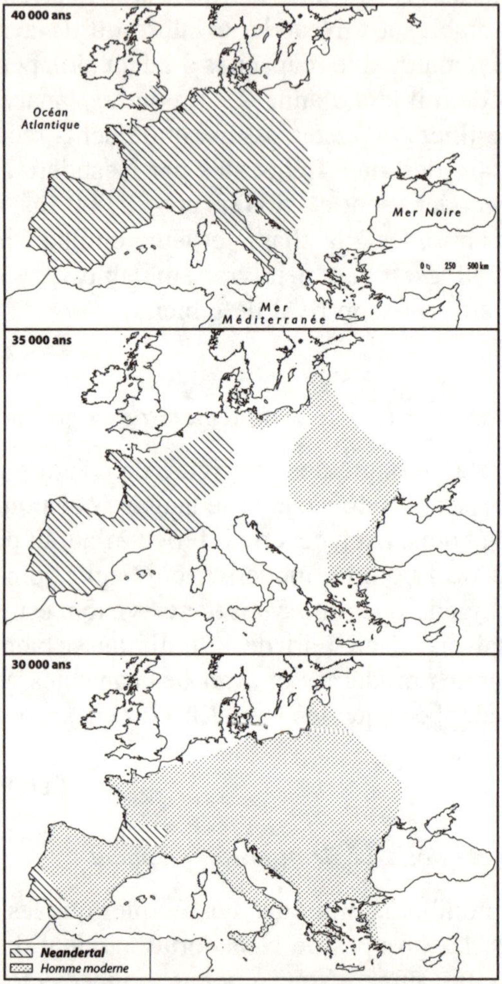

Les populations de Neandertal se sont contractées très progressivement. Elles ont d'abord abandonné le Proche-Orient, puis l'Europe centrale. Vers – 30 000 ans, elles n'occupent plus que deux petites régions, l'une dans le sud-ouest de la France, l'autre dans le sud de la péninsule ibérique. Dans le même temps, on observe la progression des hommes modernes d'est en ouest.

archéologiques et sur les datations au carbone 14 correspondantes, a mis en évidence un processus discontinu d'invasion par les hommes modernes et la contraction du peuplement néandertalien. Ce dernier a d'abord abandonné le Proche-Orient vers – 40 000 ans, puis l'Europe centrale 5 000 ans plus tard. Enfin, aux alentours de – 30 000 ans, il n'est présent que dans deux zones refuges, l'une dans le sud-ouest de la France et l'autre dans le sud de la péninsule ibérique. Malheureusement, cette étude ne nous apprend rien sur le nombre d'individus ni sur son évolution au fil du temps.

INVÉRIFIABLE

6. Les accouchements sont devenus de plus en plus difficiles

La tête des nouveaux-nés est-elle devenue trop grosse pour passer au travers du bassin des mères ? Ou, à l'inverse, les bassins des femmes se sont-ils réduits ? La mortalité néonatale, et celle des parturientes, aurait alors été trop forte pour que le remplacement de la population soit possible. « Pour l'heure, nous ne connaissons rien des nouveaux-nés néandertaliens, les restes fossiles étant trop fragmentaires », précise Marcia Ponce de Leon, de l'université de Zurich. « Certes, les crânes des adultes étaient légèrement plus gros que ceux des hommes modernes. Mais cela n'implique pas nécessairement que les nouveaux-nés aient eu de plus grosses têtes. La seule chose que nous savons est que Neandertal se développait plus vite qu'*Homo sapiens*[6]. » Les restes de bassin sont eux aussi très rares. En outre, le bassin était identique chez l'homme et chez la femme (voir l'encadré « Un bassin différent pour un Homme différent » p. 36).

PEU PROBABLE

7. Il a succombé à une consanguinité trop forte

Les Neandertal vivaient en petits groupes et se reproduisaient entre eux. D'où une forte consanguinité et l'apparition de tares génétiques, telles que l'hémophilie ou une stérilité, qui, à terme, auraient provoqué leur dégénérescence puis leur disparition.

INVÉRIFIABLE

8. Il se nourrissait mal

Neandertal a-t-il disparu en raison d'un régime alimentaire trop pauvre ? C'est du moins ce qu'ont affirmé voici quelques années Michael Richards et Paul Pettitt, alors à l'université d'Oxford, en Angleterre[7]. Les analyses des différentes formes des atomes du carbone et de l'azote contenus dans les ossements des Neandertal et des premiers hommes modernes suggèrent différents régimes alimentaires. Si Cro-Magnon mangeait de la viande, il se nourrissait aussi de poissons d'eau douce et de gibier d'eau. Pas Neandertal. Résultat : son alimentation, moins variée et donc moins riche en vitamines, a pu entraver sa croissance et, par voie de conséquence, ses capacités reproductives. Mais ces résultats ont été fortement contestés par d'autres équipes, sur la base d'analyses du même type menées dans plusieurs sites.

PEU PROBABLE

9. Cro-Magnon l'a exterminé

Neandertal aurait été victime de la volonté de puissance de l'*Homo sapiens*. Celui-ci aurait écrasé son adversaire, dans le premier génocide de l'histoire de l'humanité. Le nomade gracile venu d'Orient se serait imposé face à l'homme massif adapté au froid, grâce à des armes plus légères et de plus longue portée. Mais là où Neandertal et Cro-Magnon auraient coexisté, les préhistoriens n'ont relevé aucun signe d'affrontement violent ni de remplacement rapide.

PEU PROBABLE

10. Il a été victime d'un changement climatique

Le remplacement de Neandertal par l'homme moderne aurait été favorisé par des changements climatiques. Cette hypothèse fut émise dans les années 1980 par deux palynologues françaises, Chantal Leroyer et Arlette Leroi-Gourhan. De fait, la disparition progressive des populations de Neandertal coïncide avec une période de forte instabilité climatique. Entre – 65 000 et – 20 000 ans, l'Europe connut des alternances de phases froides et tempérées. La température moyenne pouvait monter ou chuter de plusieurs degrés en une décennie. Vers – 30 000 ans donc, le climat se refroidit une nouvelle fois. La calotte glaciaire est descendue plus au sud. Neandertal, comme Cro-Magnon, a migré vers le sud. Selon l'un des scénarios les plus récents[8], le nombre de Neandertal n'aurait pas chuté directement à cause du climat mais en raison de leur dépendance vis-à-vis des herbivores sédentaires (mammouths, bisons, etc.). Car, pour se nourrir, les animaux se sont eux aussi déplacés vers les steppes du sud. Un milieu très ouvert dans lequel Neandertal se révéla piètre chasseur. Moins bien nourri, son état de santé se serait détérioré et sa fécondité se serait effondrée.

PLAUSIBLE

NOTES

Notes de la préface

1. L. Orlando *et al.*, *Current Biology*, *16*, R400, 2006.
2. R. Dalton, *Nature, 441*, 260, 2006.
3. D. S. Adler *et al.*, *Current Anthropology*, *47*, 89, 2006.
4. T. van Andel et C. Runnels, *J. Field Arch., 30,* 367, 2006.

Notes du chapitre II

1. F. Mayer, *Archiv für Anatomie, Physiologie und Wissenschaftliche Medicin*, *1*, 1, 1864.
2. M. Patou-Mathis, *Neanderthal : Une autre humanité,* Perrin, 2006, p. 16 ; J. Reader, *Missing Links : The Hunt for Earliest Man,* 2e éd., Penguin, 1988, p. 9.
3. F.B. Churchill, *Journal of the History of Medicine and Allied Sciences*, *31*, 117, 1976.
4. J.-L. Fischer, *Revue d'Histoire des Sciences*, *25*, 347, 1972 ; E. Richards, *Britisch Journal for the History of Science*, *20*, 129 1987.
5. F. Spencer, *in* F.H. Smith et F. Spencer, Alan R. Liss (éd.), *The Origins of Modern Humans : A World Survey of the Fossil Evidence,* AR Liss, NY, 1984, p. 6.

Notes du chapitre III

1. www.the-neanderthal-tools.org
2. Hélène Rougier : « La renaissance des néandertaliens de la grotte de Spy », *La Recherche,* mars 2006, p. 18.

Notes du chapitre IV

1. C. Coon, *The Races of Europe,* MacMillan, 1939.
2. W. Straus Jr. et A. Cave, *The Quaterly Review of Biology, 32,* 349, 1957.

3. S. J. Gould, *La Mal-mesure de l'homme,* Odile Jacob, 1997.
4. C. Ruff *et al., Nature, 387,* 173, 1997.
5. F. Spoor *et al., Journal of Human Evolution, 44*, 141, 2003.
6. B. Maureille et F. Houët, in *Croissance et vieillissement,* Actes du 21e colloque du Galf, A.-M. Tillier *et al.* (éd.), *Bulletins et mémoires de la Société d'anthropologie de Paris,* t. 5, nº 1-2, nouv. sér., 143, 1993.
7. A. Rosas, *American Journal of Physical Anthropology, 114*, 74, 2001.

Notes du chapitre V

1. M. Krings *et al., Cell, 90,* 19, 1997.
2. C. Lalueza-Fox *et al., Current Biology, 16*, R629, 2006 ; D. Caramelli *et al., Current Biology, 16*, R630, 2006.
3. W. Haak *et al., Science, 310,* 1016, 2001.
4. D. Serre *et al., PLOS Biology, 2 (3)*, E57, 2004.
5. M. Currat et L. Excoffier, *PLOS Biology, 2 (12)*, E421, 2004.
6. C. Beauval *et al., PNAS, 102*, 7085, 2005.
7. R. Dalton, *Nature News,* 16 mai 2006 ; Catherine Hänni, « Un premier chromosome Y pour Neandertal », *La Recherche,* 399, juillet 2006, p. 18.

Notes du chapitre VI

1. A. Vekua *et al., Science, 297*, 85, 2002.
2. J. M. Bermúdez de Castro *et al., Science, 276,* 1392, 1997.
3. G. Manzi *et al., PNAS, 98,* 10011, 2001.
4. J. L. Arsuaga *et al., J. Hum. Evol., 33,* 219, 1997.
5. G. P. Rightmire, *Evol. Anthrop., 6,* 218, 1998.
6. B. Vandermeersch, *Les Hommes fossiles de Qafzeh (Israël),* CNRS, Paris, 1981 ; E. Trinkaus, *L'Anthrop., 2/3*, 535, 1991.
7. J.-J. Hublin, *in* T. Akazawa *et al.* (dir.), *Neandertals and Modern Humans in West Asia,* Plenum Press, New York, 1998, p. 295.
8. D. Dean *et al., J. Hum. Evol., 34*, 485, 1998.

Notes du chapitre VII

1. B. Arensburg et A.-M. Tillier, « Le langage des néandertaliens », *La Recherche,* septembre 1990, p. 1084.
2. M. H. Wolpoff, *Human Evolution,* College Custom Series, McGraw-Hill, New York, 1996.
3. C. Stringer et C. Gamble, *In Search of the Neanderthals,* Thames and Hudson, 1993.
4. P. Brown *et al., Nature, 431,* 1055, 2004 ; M.-J. Morwood *et al., Nature, 431,* 1087, 2004.
5. R. D. Martin *et al., Science, 312,* 999, 2006 ; D. Falk *et al., Science, 312,* 999, 2006.

Notes du chapitre VIII

1. A.P. Chernich, *Molodova 5* (en ukrainien) Kiev, 1960 ; A.P. Chernich, *Le Paléolithique inférieur et moyen de la région du Dniepr* (en russe), Moscou, 1965.
2. L. Bourguignon *et al., Paléo, 14,* 2002.
3. H. De Lumley et Y. Boone, *in* H. de Lumley (dir.), *La Préhistoire française*, t. I, 1976.

Notes du chapitre IX

1. J. Reboux, *Congrès international d'anthropologie et d'archéologie préhistorique*, p. 103, 1867.
2. V. Mourre, *Implications culturelles de la technologie des hachereaux*, thèse, 2003.
3. J. Jaubert et V. Mourre, *in* A. Bietti et S. Grimaldi (dir.), *Quaternaria Nova, VI,* p. 313, 1996.
4. J. Féblot-Augustins, *La Circulation des matières premières au Paléolithique*, Eraul 75, 1997.

Notes du chapitre X

1. D. Adler *et al.*, *Current Anthropology*, *47*, 89, 2006 ; J. Speth, *Journal of World Archaeology*, *36*, 519, 2004.
2. L. Binford, *in* E. Trinkaus (dir.), *The Emergence of Modern Humans. Biocultural Adaptations in the Late Pleistocene*, Cambridge University Press, 1989.
3. M. Stiner, *Honor among Thieves : A Zooarchaeological Study of Neanderthal Ecology*, Princeton University Press, 1994.
4. C. Marean et Z. Assefa, *Evolutionary Anthropology, 8,* 22, 1999.
5. P. Mellars, *Journal of Archaeological Science*, *31*, 613, 2004.
6. S. Gaudzinsky, *Proceedings of the Prehistoric Society*, *62*, 19, 1996 ; S. Costamagno *et al.*, *Journal of Anthropological Archaeology*, sous presse.
7. S. Costamagno, *in* S. Costamagno et V. Laroulandie (dir.), *Mode de vie au Magdalénien : les apports de l'archéozoologie*, *BAR International Series*, 1144, Oxford, 2003.
8. H. Ullrich, *Anthropologie, XLIII/2-3*, 249, 2005.
9. B. Boulestin, *BAR International Series*, 776, 1999.
10. P. Villa *et al., Science*, *233*, 431, 1986.
11. A. Defleur *et al., Science*, *286*, 128, 1999.
12. J. Enloe, *in* S. Costamagno et V. Laroulandie (dir.), *ibid.*

Notes du chapitre XI

1. F. Audouze et N. Schlanger, *Autour de l'homme, contexte et actualité d'André Leroi-Gourhan*, Éditions APCDA, 2004.
2. J. Pelegrin, *in* F. Audouze et N. Schlanger, *op. cit.*

3. H. Roche *et al., Nature, 399,* 57, 1999 ; H. Roche, *in* V. Roux et B. Bril (dir.), *Stone Knapping : the Necessary Condition for a Uniquely Hominid Behaviour*, Mac Donald Institute monograph series, 2005.
4. B. Arensburg et A.-M. Tillier, « Le Langage des néandertaliens », *La Recherche,* septembre 1990, p. 1084.
5. H.P. Grice, in *Syntax and Semantics 3 : Speech Acts,* Academic Press, 1975 ; J. Moeschler et A. Reboul, *Dictionnaire encyclopédique de pragmatique*, Seuil, 1994.
6. J. Vauclair et M. Kreutzer (éd.), *L'Éthologie cognitive,* Éditions de la Maison des sciences de l'Homme, 2004.
7. E. Boëda, Le Concept Levallois : variabilité des méthodes, CNRS Éditions, 1994.
8. H. Hécaen et G. Lanteri-Laura, *Les Fonctions du cerveau,* Masson, 1983.
9. J. Pelegrin, *in* V. Roux et B. Bril (éd.), *Stone Knapping : the Necessary Condition for Uniquely Hominid Behaviour,* Mac Donald Institute Monograph Series, p. 23, 2005.
10. F. Bresson, *Bull. et Mém. de la Société d'anthropologie de Paris*, 4, 1992.

Notes du chapitre XII

1. M. Boule, *Annales de paléontologie, 6,* 111, 1911 ; *7*, 21, 1912 ; *8*, 1, 1913.
2. B. Maureille, *Les Premières Sépultures,* Le Pommier, 2004.
3. E. Trinkaus, *J. Arch. Sci., 22,* 121, 1995.
4. E. Trinkaus et J. A. Svoboda (dir.), *Early Modern Human Evolution in Central Europe : The People of Dolni Vestonice and Pavlov,* Dolni Vestonice Studies, 12, Oxford University Press, 2005 ; W. Roebroeks et R. Corbey, in *Hunters of the Golden Age,* W. Roebroeks *et al.* (dir.), p. 77, Leiden University Press, 2000.
5. T. D. Berger et E. Trinkaus, *J. Arch. Sci., 22,* 841, 1995.
6. E. Trinkaus, *Am. J. Phys. Anthr., 67*, 19, 1985 ; *The Shanidar Neandertals*, Academic Press, 1983.
7. G. Schwalbe, *Der Neanderthalschädel,* Bonner Jahrbücher, *106*, 1, 1901 ; E. Trinkaus *et al., Am. J. Phys. Anthr., 93,* 1, 1994.
8. S. Sergi, *Il Cranio Neandertaliano de Monte Circeo*, Accademia Nazionale dei Lincei, 1974.
9. S. Lebel et E. Trinkaus, *J. Hum. Evol., 43,* 659, 2002.

Notes du chapitre XIII

1. R.H. Gargett, *Current Anthropology*, *30*, 157, 1989 ; *Journal of Human Evolution*, *37*, 27, 1999.
2. M.D. Ogilvie *et al.*, *Am. J. Phys. Anthrop.*, *79*, 25, 1989.
3. D. Guatelli-Steinberg *et al.*, *Journal of Human Evolution*, *47*, 65, 2004.

Notes du chapitre XIV

1. M. Vanhaeren *et al., Science, 312,* 1785, 2006.
2. F. d'Errico *et al.*, *Journal of Human Evolution*, *48*, 3, 2005.
3. T.D. White *et al.*, *Nature*, *423*, 742, 2003.
4. F. d'Errico *et al.*, *J. World Prehist.*, *17*, 1, 2003.
5. I. Watts, in *The Evolution of Culture*, R. Dunbar *et al.* (dir.), Edinburgh University Press, p. 113, 1999.
6. P. Van Peer et P. M. Vermeersch, in L. Krzyzaniak *et al.* (dir.), *Recent Research into the Stone Age of Northeastern Africa*, Poznan Archaeological Museum, Studies in African Archaeology, 7, 2000.
7. E. Hovers *et al.*, *Curr. Anthrop.*, *44*, 491, 2003.
8. S. McBrearty et A. Brooks, *J. Hum. Evol., 39,* 453, 2000.
9. L. S. Barham, *Curr. Anthrop., 39,* 703, 1998 ; *ibid.*, *31*, 181, 2002.
10. M. Soressi *et al.*, *Bulletin de la Société préhistorique française*, *99*, 5, 2002.
11. M. Soressi *et al.*, *Journal of Human Evolution*, sous presse.

Notes du chapitre XV

1. J. J. Hublin *et al., CRAS, 321,* série IIa, 931, 1995.
2. F. Lévêque et B. Vandermeersch, « Le néandertalien de Saint-Césaire », *La Recherche,* février 1981, p. 242.
3. J. J. Hublin *et al., Nature, 381,* 224, 1996.
4. L. Allemand et R. Pigeaud, « Le complexe bestiaire de l'homme moderne », *La Recherche,* avril 2004, p. 60 ; P. Ambert *et al., Palévol, 4,* 275, 2005.
5. J. Zilhao et F. d'Errico, *L'Anthropologie, 104,* 17, 2000.
6. G. Lucas *et al.*, *in* F. d'Errico et J. Zilhao (dir.), XVe Congrès de l'UISPP, université de Liège, 2-8 septembre 2001, p. 289.
7. J.-G. Bordes, thèse de l'université Bordeaux 1, 2002.
8. F. Bordes, *La Question périgordienne. La Préhistoire : problèmes et tendances*, CNRS, 1968.
9. B. Gravina *et al., Nature, 438,* 51, 2005.
10. N. Connet, thèse de l'université de Lille I, 2002.
11. M. Guilbaud, in *Préhistoire de Poitou-Charentes : problèmes actuels*, Actes du 111e Congrès national des sociétés savantes, Poitiers. Éd. du CTHS, 1987.

Notes du chapitre XVI

1. Helke Ferrie, *Current Anthropology, 38,* 853, 1997.
2. C. Duarte *et al., PNAS, 96,* 7604, 1999.
3. J. Pelegrin, *Cahiers du Quaternaire, 20,* CNRS Éditions, 1995.
4. D. Adler *et al.*, *Current Anthropology*, *47*, 89, 2006.

5. J.-P. Bocquet-Appel et P.-Y. Demars, *Antiquity, 74,* 544, 2000.
6. M. S. Ponce de Leon et C.P.E. Zollikofer, *Nature, 412,* 534, 2001.
7. M.P. Richards *et al., PNAS, 97,* 7663, 2000 ; *ibid., PNAS, 98,* 6528, 2001.
8. *Neandertal and Modern Humans in the European Landscape of the Last Glaciation – Archaeological Results of the stage 3 Project*, The McDonald Institute for Archaeological Research Monographs, Cambridge, 2003.

LES AUTEURS

LUC ALLEMAND est rédacteur en chef adjoint du magazine *La Recherche*.

BARUCH ARENSBURG est anthropologue à l'université de Tel-Aviv en Israël.

PAUL BAHN est archéologue et écrivain, spécialiste de l'art rupestre et du Paléolithique.

JEAN-GUILLAUME BORDES est maître de conférences à l'université de Bordeaux-I, au sein de l'unité PACEA (UMR 5199 du CNRS), Institut de préhistoire et de géologie du Quaternaire.

LINDA BOUCHNEB est doctorante au laboratoire d'anthropologie des populations du passé de l'université Bordeaux-I (UMR 5199-PACEA).

BRUNO BOULESTIN est docteur en médecine et en anthropologie, habilité à diriger des recherches. Il est spécialisé en archéologie de la mort.

LAURENCE BOURGUIGNON est préhistorienne à l'Institut national de recherches archéologiques préventives.

David Cochard est attaché temporaire d'enseignement et de recherche à l'Institut de préhistoire et de géologie du Quaternaire (CNRS/Bordeaux-I)

Sandrine Costamagno est chargée de recherche au CNRS, unité toulousaine d'archéologie et d'histoire.

Richard Delisle est affilié aux départements d'anthropologie de l'université McGill et de philosophie de l'université de Montréal. Il est l'auteur de *Debating Humankind's Place in Nature, 1860-2000 : The Nature of Paleoanthropology* (Prentice Hall, 2006).

Francesco D'Errico est directeur de recherche à l'Institut de préhistoire et de géologie du Quaternaire, CNRS UMR 5199 PACEA, université Bordeaux-I, et professeur associé à la George Washington University de Washington.

Fabienne Lemarchand est journaliste scientifique.

François Marchal est chargé de recherches à l'unité d'anthropologie : adaptabilité biologique et culturelle, à Marseille (UMR 6578).

Bruno Maureille est chargé de recherches au CNRS au laboratoire d'anthropologie des populations du passé à l'université Bordeaux-I (UMR 5199-PACEA).

Anna Musso est journaliste.

Vincent Mourre est chercheur associé à l'Unité toulousaine d'archéologie et d'histoire (UMR 5608) et contributeur de wikipedia.fr

Pascal Murail est professeur d'anthropologie biologique à l'université Bordeaux-I (UMR 5199-PACEA).

MATHIEU NOWAK est journaliste scientifique.

JACQUES PELEGRIN, docteur en préhistoire et en médecine, est directeur de recherche au CNRS. Il travaille au sein du laboratoire « Préhistoire et technologie » (UMR 7055).

HÉLÈNE ROUGIER est post-doctorante au département d'anthropologie de l'université Washington de Saint-Louis, aux États-Unis.

RALF SCHMITZ est privatdozent à l'université de Tübingen, en Allemagne. Il est l'auteur de deux ouvrages de vulgarisation en allemand : *Neandertal : die Geschichte geht weiter* (avec Jürgen Thissen, Spektrum Akademischer Verlag, 2002) et *Der Neandertaler* (avec Michel Bolus, Thorbecke, 2006).

PATRICK SEMAL est paléoanthropologue à la section d'Anthropologie d'Archéozoologie et Préhistoire de l'Institut royal des sciences naturelles de Belgique, à Bruxelles. Il a participé au projet européen TNT (The Neanderthal Tools) et collabore au projet belge Mars (Multimedia Archaeological Research System).

MARIE SORESSI est post-doctorante à l'Institut Max Planck d'anthropologie évolutive, à Leipzig, en Allemagne.

ANNE-MARIE TILLIER est directeur de recherche au CNRS et directrice du laboratoire d'anthropologie des populations du passé, UMR 5199-PACEA, à l'université Bordeaux-I.

ERIK TRINKAUS est professeur d'anthropologie à l'université Washington de Saint Louis, États-Unis.

BIBLIOGRAPHIE

Sur Neandertal

Roots/Wurzeln der Menschheit, Verlag Philipp Von Zabern, Rheinisches LandesMuseum Bonn, 2006.

RALF W. SCHMITZ ET MICHAEL BOLUS, *Der Neandertaler*, Thorbecke, 2006.

JUAN LUIS ARSUAGA, *Le collier de Néandertal. Nos ancêtres à l'ère glaciaire*, Odile Jacob, 2004.

ELMAR-BJÖRN KRAUSE (DIR.), *Les hommes de Néandertal, Le feu sous la glace, 250 000 ans d'histoire européenne*, Errance, 2004.

RALF W. SCHMITZ ET JÜRGEN THISSEN, *Neandertal : die Geschichte geht weiter*, Spektrum Akademischer Verlag, 2002.

JACQUES JAUBERT, *Chasseurs et artisans du Moustérien*, La Maison des roches, 1999.

DOMINIQUE BAFFIER, *Les derniers Néandertaliens*, La Maison des roches, 1999.

PAUL JORDAN, *Neanderthal*, Sutton Publishing, 1999.

ERIK TRINKAUS ET PAT SHIPMAN, *Les hommes de Neandertal*, Seuil, 1996.

Sur la préhistoire plus généralement

RICHARD DELISLE, *Debating Humankind's Place in Nature, 1860-2000 : The Nature of Paleoanthropology*, Prentice Hall, 2006.

Homo sapiens, L'origine de l'homme, La Recherche/Tallandier, 2005.

LUDOVIC ORLANDO, *L'Anti-Jurassic Park*, Belin, 2005.

BRUNO MAUREILLE, *Les premières sépultures*, Le Pommier, 2004.

ALAIN TUFFREAU, *L'Acheuléen, d'Homo erectus à Néandertal*, La Maison des Roches, 2004.

ROBERT BOYD ET JOAN SILK, *L'aventure humaine, Des molécules à la culture*, de Boeck, 2004.

R. DESBROSSE ET J. KOSLOWSKI, *Les habitats préhistoriques, Des australopithèques aux premiers agriculteurs*, Éditions du CTHS, 2001.

SITES INTERNET

Sur l'homme de Neandertal

National Geographic

www.archchannel.de/main/EN/neandertaler/HP/index.html

Une sélection d'articles sur les néandertaliens et l'histoire des hominidés compilée par la rédaction allemande du magazine, plus un dossier interactif junior et des liens vers des musées et les principales équipes de recherche allemandes. En allemand et en anglais.

Neandertal : Une Cyber-Perspective

http ://sapphire.indstate.edu/~ramanank/index.html

Outils, régime, mode de vie, capacités linguistiques, rituels, art, morphologie : un dossier grand public riche en illustrations et références préparé par une étudiante en anthropologie de l'université de l'Indiana. En anglais.

Nova Online

www.pbs.org/wgbh/nova/neanderthals

Autour d'un documentaire de la chaîne de télévision américaine PBS, une série d'animations interactives pour comprendre les débats sur la place de l'homme de Neandertal dans l'histoire des hominidés. En anglais.

Neandertal Et Cie

www.neandertalerundco.de

Ce site présente quatre expositions et congrès organisés en Allemagne pour l'année de l'homme de Neandertal, avec des liens vers les sites correspondants. Celui du congrès « Cent cinquante ans de découvertes sur Neandertal » propose des articles originaux des XIXe et XXe siècles en texte intégral. En allemand.

The Neanderthal Tools

www.the-neanderthal-tools.org

Le consortium TNT, qui regroupe cinq pays européens, a mis en ligne une banque de données sur l'homme de Neandertal, avec des images 3D manipulables accessibles à la communauté scientifique mais pas au grand public. Celui-ci doit se contenter d'une description du projet et des outils informatiques utilisés. En anglais.

Dolan Dna Learning Center

www.dnalc.org/neandertal.html

Une présentation du premier squelette complet d'*Homo neanderthalensis*, reconstitué en 2005, avec un outil interactif pour explorer ses différences avec l'homme moderne, par le Dolan DNA Learning Center, qui a participé au projet. En anglais.

La Chapelle-Aux-Saints

www.neandertal-musee.org/pagesfr/accueilf.html

Une présentation du site, le bilan des fouilles et quelques liens.

La Chapelle-Aux-Saints-Cerimes
www.cerimes.education.fr/
index.php?page=fiches&op1=view, 1639,10,7,824
Ce film de 18 minutes sur la reconstitution du crâne de La Chapelle-aux-Saints (1986) présente aussi l'histoire de sa découverte.

Vallée de la Vézère
www.pole-prehistoire.com
Le pôle préhistoire propose une visite virtuelle des sites préhistoriques de la vallée et des expositions en ligne, une présentation des techniques de fouilles et une bibliothèque numérique.

Spy
http ://users.swing.be/grottedespy/
L'histoire de la découverte de l'homme de Spy et une présentation du site préhistorique belge. Liens vers d'autres sites belges.

Atapuerca
www.ucm.es/info/paleo/ata/english/index.htm
Un dossier remarquable sur les gisements espagnols d'Atapuerca, développé par l'université Complutense de Madrid, avec soixante-dix vidéos et des galeries de photos. En espagnol et en anglais.

Krapina
www.krapina.com
L'histoire de la découverte du site préhistorique croate, record du plus grand nombre de fossiles néandertaliens dans un même lieu, et une présentation des plus beaux spécimens. En croate et en anglais.

Sur l'évolution des hominidés

À la recherche des origines de l'homme

www.cnrs.fr/cw/dossiers/Origine/

Ce dossier grand public du CNRS rassemble diverses contributions de paléontologues français, dont l'une consacrée aux néandertaliens et hommes de la Solo.

Hominidés.com

www.hominides.com

Un site très riche tenu par un passionné de l'évolution humaine, avec de nombreuses actualités et ressources sur les Neandertal et un dossier consacré à leur disparition.

Becoming Human

www.becominghuman.org

Un beau documentaire interactif sur l'origine de l'homme moderne proposé par l'université de l'Arizona, avec des interventions de spécialistes sur la « question néandertalienne ». En anglais.

Sélection réalisée par Laure Schalchli

LEXIQUE

Acheuléen : culture qui s'est répandue en Afrique et en Eurasie il y a entre 1,5 million d'années et 300 000 ans.

Analyses isotopiques : mesure des proportions des différentes formes d'un élément chimique dans un matériau, par exemple du carbone et de l'azote dans le collagène des os.

Apomorphies : caractères physiques que l'on trouve uniquement chez les représentants d'une espèce donnée.

Aurignacien : culture de l'homme moderne qui s'est répandue en Europe il y a entre 38 000 et 28 000 ans.

Bordes, François : préhistorien français (1919-1981), professeur à l'université de Bordeaux de 1956 à 1981.

Brachycéphale : dont le crâne est aussi large que long.

Châtelperronien : culture de transition entre la fin du Paléolithique moyen et le début du Paléolithique supérieur (environ 38 000 à 32 000 ans avant le présent).

Cro-Magnon : abri sous roche où fut découvert en 1868 un homme préhistorique de morphologie moderne. Par extension, on appelle homme de Cro-Magnon l'homme moderne du Paléolithique supérieur.

Débitage : opération de taille qui consiste à détacher des éclats d'un bloc de matière appelé « nucléus ». Les éclats sont les produits recherchés et le nucléus un sous-produit.

Denticulé : outil de pierre dont un ou plusieurs bords comportent une série de petites encoches contiguës.

Dérive génétique : changement de fréquence des gènes dans les générations successives d'une population.

Dermoplastie : reconstitution des parties molles et des poils, ongles et cheveux d'un homme préhistorique.

Dolichocéphale : dont le crâne est plus long que large.

Épiphyse : extrémité articulaire d'un os.

Façonnage : taille d'outils en pierre dans laquelle des éclats sont détachés pour dégager du bloc brut une forme plus ou moins précise. Les éclats ont ici valeur de déchets, même si certains peuvent être secondairement utilisés.

Gravettien : culture de l'homme moderne en Europe qui a perduré il y a entre 28 000 et 23 000 ans.

Holocène : période géologique actuelle, depuis 10 000 ans.

Homme de Flores : type d'homme ayant vécu sur l'île de Flores, en Indonésie, jusqu'à il y a 20 000 ans environ.

Homme de la Solo : type d'homme ayant vécu entre 200 000 et 85 000 ans avant le présent sur l'île de Java, en Indonésie.

Homo erectus : espèce reconnue en Afrique, en Asie et parfois en Europe entre 1,9 et 0,5 million d'années.

Homo ergaster : espèce que l'on trouve en Afrique entre 1,9 et 1,5 million d'années.

Homo rhodesiensis : pour certains auteurs, une espèce africaine qui a vécu il y a 300 000 à 100 000 ans environ.

Hyoïde : os relié à la langue.

Industrie lithique : ensemble des objets en pierre fabriqués par un groupe humain donné.

Leroi-Gourhan, André : préhistorien français (1911-1986), professeur au Collège de France de 1969 à 1982.

Lydienne : roche sédimentaire riche en silice, généralement colorée par des matières charbonneuses.

Magdalénien : culture de l'homme moderne qui s'est répandue en Europe de l'Ouest entre 17 000 et 12 000 ans avant le présent.

Moustérien : principale culture du Paléolithique moyen en Eurasie, de 300 000 à 30 000 ans avant le présent.

Néolithique : période préhistorique commençant il y a environ 10 000 ans.

Paléolithique inférieur : période préhistorique plus ancienne que 300 000 ans.

Paléolithique moyen : période préhistorique commençant il y a 300 000 ans et se terminant il y a 40 000 à 30 000 ans.

Paléolithique supérieur : période préhistorique commençant il y a 40 000 à 30 000 ans et se terminant il y a 10 000 ans.

Piltdown *:* site anglais où des restes osseux ont été « découverts » entre 1908 et 1915. Ils réunissaient le crâne d'un homme moderne et la mâchoire d'un orang-outan. La supercherie ne fut démontrée qu'en 1953.

Plan de frappe : surface en marge de laquelle on percute pour détacher un éclat sur la surface adjacente d'un bloc de pierre.

Pléistocène inférieur : période géologique qui s'étend d'il y a 1 800 000 à 780 000 ans.

Pléistocène moyen : période géologique qui s'étend d'il y a 780 000 à 126 000 ans.

Pléistocène supérieur : période géologique qui s'étend d'il y a 126 000 à 10 000 ans.

Racloir : outil de pierre façonné par retouche du tranchant d'une lame ou d'un éclat

Synchrotron : accélérateur de particules qui produit des rayons X très intenses.

Vitamine D : substance indispensable au métabolisme, synthétisée sous l'influence des rayons ultraviolets solaires.

Dépôt légal : novembre 2006
N° d'édition : 3130
ISBN : 978-284734-366-3
Imprimé en Italie – Printed in Italy